现代家政服务与管理专业创新型系列教材

家电使用与维护

主　编　郑胜利　常　莉

副主编　李　坤　张建华

参　编　张天博　邢　彪

北京理工大学出版社

BEIJING INSTITUTE OF TECHNOLOGY PRESS

内 容 简 介

本书的编写以技能培养为导向，以学生能力提高为本位，力求教材内容与居家环境零距离。本书突破传统的课程单元结构体系，从家庭单元整体使用到具体家用电器设备，以实际的居家生活情境为依据设置教学项目，以独立电器种类设立典型工作任务，在具体任务中融合理论知识和实践技能，为项目化教学的实施提供借鉴。

全书分为基础知识、居家实用、时尚潮流三个模块，共有十大项目、27 个具体任务。本书采用了最新的项目教材编写体例：项目介绍—项目目标—案例引入—任务分析—相关知识—任务实施—同步测试—项目评价。

本书可供学生在校学习、参加家政服务员 1+X 职业资格证书考试、家政服务员培训使用，也可供从事居家服务工作人员参考。

图书在版编目（CIP）数据

家电使用与维护 / 郑胜利，常莉主编. --北京：北京理工大学出版社，2021.10

ISBN 978-7-5763-0572-2

Ⅰ.①家…　Ⅱ.①郑…②常…　Ⅲ.①日用电气器具-使用-教材②日用电气器具-维修-教材　Ⅳ.①TM925.07

中国版本图书馆 CIP 数据核字（2021）第 216237 号

出版发行 / 北京理工大学出版社有限责任公司

社　　址 / 北京市海淀区中关村南大街 5 号

邮　　编 / 100081

电　　话 / （010）68914775（总编室）

　　　　　（010）82562903（教材售后服务热线）

　　　　　（010）68944723（其他图书服务热线）

网　　址 / http：//www.bitpress.com.cn

经　　销 / 全国各地新华书店

印　　刷 / 唐山富达印务有限公司

开　　本 / 787 毫米×1092 毫米　1/16

印　　张 / 14.5　　　　　　　　　　　　责任编辑 / 李玉昌

字　　数 / 340 千字　　　　　　　　　　文案编辑 / 李玉昌

版　　次 / 2021 年 10 月第 1 版　2021 年 10 月第 1 次印刷　　责任校对 / 周瑞红

定　　价 / 55.00 元　　　　　　　　　　责任印制 / 施胜娟

图书出现印装质量问题，请拨打售后服务热线，本社负责调换

现代家政服务与管理专业创新型系列教材
建设委员会名单

顾问：

宁波卫生职业技术学院　朱晓卓教授

中国家庭服务业协会理事

中国劳动学会理事

中国老教授协会家政学与家政产业专委会副主任委员

全国电子商务职业教育教学指导委员会委员

宁波卫生职业技术学院健康服务与管理学院院长、高职研究所所长

主任：

菏泽家政职业学院　董会龙教授

中国职业技术教育学会家政专业教学工作委员会理事

山东省职业技术教育学会教学工作委员会委员

山东省家庭服务业协会副会长

副主任：

菏泽家政职业学院教务处长　刘加启

菏泽家政职业学院家政管理系主任　王颖

菏泽家政职业学院家政管理系副主任　孙红梅

院校主要编写成员（排名不分先后）：

菏泽家政职业学院　张永清

长沙民政职业技术学院　钱红

菏泽家政职业学院　鲁彬

遵义医药高等专科学校　钟正伟

菏泽家政职业学院　郭丽

徐州技师学院　辛研

山东医学高等专科学校　乜红臻

淄博电子工程学校　苗祥凤

菏泽家政职业学院　刘德芬

遵义医药高等专科学校　冯子倩

菏泽家政职业学院　郑胜利

山东药品食品职业学院　孟令霞

菏泽家政职业学院　刘香娥

济南护理职业学院　潘慧

菏泽家政职业学院　朱晓菊

山东交通学院　陈明明

菏泽家政职业学院　常莉

菏泽家政职业学院　武薇

德州职业技术学院　冯延红

菏泽家政职业学院　赵炳富

医院、企业主要编写成员（排名不分先后）

单县中心医院　贺春荣

菏泽市天使护政公司　李宏

河南雪绒花职业培训学校　刘丽霞

单县精神康复医院　田静

淄博柒鲁宝宝教育咨询有限公司　齐晓萌

单县中心医院营养科　时明明

河南雪绒花职业培训学校　焦婷

菏泽颐养院医养股份有限公司单县老年养护服务中心　闫志霖

序　言

2019 年 6 月，国务院办公厅印发《关于促进家政服务业提质扩容的意见》（国发办〔2019〕30 号，以下简称《意见》），从完善培训体系、推进服务标准化、强化税收金融支持等 10 方面提出了 36 条政策措施，简称"家政 36 条"。《意见》围绕"提质"和"扩容"两个关键词，紧扣"一个目标""两个着力""三个行动""四个聚焦"，着力发展员工制企业，推进家政行业进入社区，提升家政人员培训质量，保障家政行业平稳健康发展。

中国社会正在步入家庭的小型化、人口的老龄化、生活的现代化和劳动的社会化，人们对于家政服务的需求越来越广泛。未来，家政服务从简单劳务型向专业技能型转变，专业化发展是关键节点。对于家政服务企业来说，在初级服务业务领域，发展核心是提高服务人员的不可替代性，必须提高家政服务人员服务质量和水平；在专业技术型业务中，需要不断建立完善的标准化服务体系，实现专业化发展。对于高等教育来说，亟须为家政行业培养懂知识重技能的高素质家政人才。

为进一步深化高等职业教育教学水平，促进家政行业高素质人才的培养工作，提升学生的理论知识和实践能力，由菏泽家政职业学院牵头，联合其他高校、企业，在深入调研和探讨的基础上，编写"现代家政服务与管理专业高职系列规划教材"，包括家政服务公司经营与管理、家庭膳食与营养、家庭急救技术、母婴照护技术、老年照护技术、家电使用与维护、家政实用英语、家庭康复保健 10 余本。

此系列教材以学习者为中心，基于家庭不同工作情境的职业能力体系进行教学设计、教材编写与资源开发；站在学习者的角度设计任务情境案例，按照不同层面设计教学模块，并制定相对应的工作任务及实施流程。对于技能型知识点，采用任务驱动模式编写，从任务描述（情景导入）、任务分析、相关知识、任务实施到任务评价，明确技能标准及要求，利于教师授教和学生学习。同时，增加知识拓展模块，将课程思政理念融入教材内容全过程，更加注重能力培养和工作思维的锻炼。

本系列教材的出版，能够填补现代家政服务与管理高职教育专业教材的空白，更好地服务于高职现代家政服务与管理专业师生，为家政专业人才培养提供了参考依据，符合家政专业人才培养教学标准，具有前瞻性和较强应用性。

李维平

2021.10.22

前　言

随着我国经济水平的不断提高，人口老龄化日益加剧，家庭小型化进程逐步加快。"十三五"期间，老龄化日趋严重、多胎政策逐步放开以及就业观念的逐步转变，极大地推动了家政服务行业的快速发展。2020年中国家政服务行业市场规模高达8 782亿元，为2015年三倍之多。近三年来，中国家政服务行业从业机构数量保持43%的增速，家政服务业从业人数也以9.5%的速度增加。家政行业内在潜力巨大，从业人员的数量和素质，还远远不能满足市场需求。为促进家政服务业提质扩容，实现高质量发展，国务院办公厅在2019年6月出台的《关于促进家政服务业提质扩容的意见》中明确指出，要加强职业教育和人才培训，加快家政服务人员的培养，每个省份原则上至少有一所本科高校和若干所职业院校开设家政服务相关专业。

家电使用与维护是高职现代家政服务与管理专业学生、家政服务员必须掌握的技能。目前，现有的家电类教材多面向电子信息类学生，内容更侧重结构原理与检修，选购、使用、维护等知识匮乏，也缺乏整体系统化设计，不适用于职业院校现代家政服务管理专业学生的培养。因此，编写一本符合高职教育专业特点的家电使用与维护教材尤为必要。本书的编写以技能培养为导向，以学生能力提高为本位，力求教材内容与居家环境零距离。突破传统的课程单元结构体系，从家庭单元整体使用到具体家用电器，以实际的居家生活情境为依据设置教学项目，以独立电器种类设立典型工作任务，在具体任务中融合理论知识和实践技能，为项目化教学的实施提供借鉴。在编写过程中，遵循"理论够用，技能为重"的理念，明确项目目标，通过具体案例导入，布置具体学习实训任务，引导学生围绕任务进行理论学习和技能实践，使学生切实掌握专业核心技能。

全书共有基础知识、居家实用、时尚潮流三个模块，设定了十大项目、27个具体任务。本书由郑胜利、常莉担任主编，李坤、张建华担任副主编，张天博、邢彪参编。具体分工如下：郑胜利编写项目一、八并负责全书设计和统稿工作，常莉编写项目二、十并负责前五个项目的审核，李坤编写项目四、七并负责后五个项目的审核，张建华编写项目五、六，张天博编写项目九，邢彪编写项目三。

本书可供学生在校学习、参加家政服务员1+X职业资格证书考试、家政服务员培训使用，也可供从事居家服务工作人员参考。高职现代家政服务与管理专业应用时，建议教学时长为90学时。

由于编写水平有限，教材内容体例改革幅度较大，书中难免有疏漏及不妥之处，敬请广大读者批评指正。

郑胜利

2021年9月

目　录

时尚潮流模块

基础知识模块

项目一　电路基础知识

电路基础知识

【项目介绍】

　　家电的设计和使用在于电路的组合，本项目基于常见的家电引出简单电路，介绍电路的组成、物理量和工作状态，进而详细介绍家庭基本电路，为家庭合理安全用电打下坚实基础。

【知识目标】

1. 掌握电路的组成及工作状态。
2. 理解电路中的基本物理量。
3. 熟悉电路中电阻、电感、电容的工作特性。
4. 掌握家庭电路的组成及电气元件主要工作参数。
5. 了解家庭电路中常见的故障现象及产生原因。

【技能目标】

1. 会分析并连接简单电路。
2. 会阅读电器说明书，了解电气元件参数。
3. 会根据使用情况简单布置家庭电路。
4. 能简单判断家庭电路的故障原因。

【素质目标】

1. 培养善于观察、乐于动手的良好习惯。
2. 培养互相信任、互助协作的团队意识。
3. 培养勤于思考、严守规范的科学精神。

案例引入

　　某家庭新购一栋房屋，外部入户供电线路已接通，室内用电线路不尽合理，如图1.1所示。户主基于安全用电、方便使用的要求提出室内线路改造方案：

　　（1）因用电负荷增加，需重新配置新的安全保护设备。

　　（2）卧室为单控灯具线路，需改装成入门—床头双控线路。

　　（3）插座数量不足，在合理位置增设部分插座。

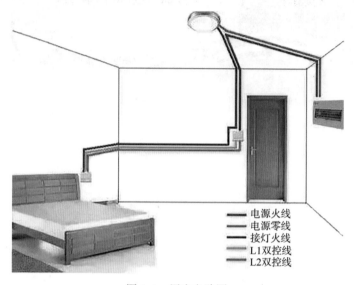

```
━━ 电源火线
━━ 电源零线
━━ 接灯火线
━━ L1双控线
━━ L2双控线
```

图 1.1　用户电路图

任务一
认识简单电路

任务描述

　　日常生活中，我们见过各种各样的家用电器，每种电器的结构和功能各不相同，电路的复杂程度差异也很大。为了更好地分析简单家用电器，我们将通过本任务的学习，系统地学习基本直流电路，了解相关电路基础知识。

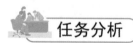 **任务分析**

　　观察手电筒的基本组成形式以及各元器件的功能，从简单电路的工作状态入手，通过连

接与调试电路，结合理论知识的讲解，从而得出答案。

 **相关知识**

一、电路及其组成

1. 电路

电路是由各种元器件为实现某种应用目的、按一定方式连接而成的整体，其特征是提供了电流流动的通道。根据电路的作用，电路可分为两类：一类是用于实现电能的传输和转换；另一类是用于信号处理和传递。

根据电源提供的电流不同，电路还可以分为直流电路和交流电路两种。

2. 电路的构成

电路由某些电气设备和元器件按一定方式连接组成。图 1.2 所示为手电筒的简单电路。

（1）电源：把其他形式的能转换成电能的装置及向电路提供能量的设备，如干电池、蓄电池、发电机等。

（2）负载：把电能转换成为其他能的装置，也就是用电器即各种用电设备，如电灯、电动机、电热器等。

（3）导线：把电源和负载连接成闭合回路，常用的是铜导线和铝导线。

（4）控制和保护装置：用来控制电路的通断、保护电路的安全，使电路能够正常工作，如开关、熔断器、继电器等。

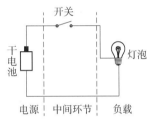

图 1.2 手电筒的简单电路

二、电路的基本物理量

电路中的物理量主要包括电流、电压、电位、电动势及功率。

1. 电流

带电质点的定向移动形成电流。

电流的大小等于单位时间内通过导体横截面的电荷量。电流的实际方向习惯上是指正电荷移动的方向。

电流分为两类：一是大小和方向均不随时间变化，称为恒定电流，简称直流，用 I 表示。二是大小和方向均随时间变化，称为交变电流，简称交流，用 i 表示。

对于直流电，单位时间内通过导体截面的电荷量是恒定不变的，其大小为

$$I = \frac{Q}{T}$$

在国际单位制（SI）中，电流的单位是安培（A）。

2. 电压

在电路中，电场力把单位正电荷（Q）从 A 点移到 B 点所做的功（W）就称为 A、B 两点间的电压，也称电位差，对于直流，则为

$$U_{AB} = \frac{W}{Q}$$

电压的单位为伏特（V）。

电压的实际方向规定从高电位指向低电位，其方向可用箭头表示，也可用"＋""－"极性表示。

3. 电位

在电路中任选一点作为参考点，则电路中某一点与参考点之间的电压称为该点的电位。电位用符号 V 或 v 表示。例如 A 点的电位记为 V_A 或 v_A。显然，$V_A = V_{AO}$（$v_A = v_{AO}$）。

电位的单位是伏特（V）。

电路中的参考点可任意选定。当电路中有接地点时，则以地为参考点。若没有接地点时，则选择较多导线的汇集点为参考点。在电子线路中，通常以设备外壳为参考点。参考点用符号"⊥"表示。

还需指出，电路中任意两点间的电压与参考点的选择无关。即对于不同的参考点，虽然各点的电位不同，但任意两点间的电压始终不变。

4. 电动势

电源力把单位正电荷由低电位点 B 经电源内部移到高电位点 A 克服电场力所做的功，称为电源的电动势。电动势用 E 或 e 表示，即

$$E = \frac{W}{Q}$$

电动势的单位也是伏特（V）。

电动势与电压的实际方向不同，电动势的方向是从低电位指向高电位，即由"－"极指向"＋"极，而电压的方向则从高电位指向低电位，即由"＋"极指向"－"极。此外，电动势只存在于电源的内部。

5. 功率

单位时间内电场力或电源力所做的功，称为功率，用 P 或 p 表示，即

$$P = \frac{W}{T}$$

功率的单位是瓦特（W）。若已知元件的电压和电流，功率可用 $P = UI$ 计算。

三、电路的工作状态

电路在不同的工作条件下，会处于不同的状态，并具有不同的特点。电路的工作状态有三种：通路状态、断路状态和短路状态，如图 1.3 所示。

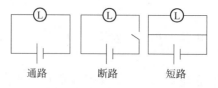

图 1.3　电路的三种状态

1. 通路状态

通路就是电路中的所有开关闭合，负载中有电流流过，因此通路状态又称为负载状态。为使电气设备正常运行，在电气设备上都标有额定值，额定值是生产厂为了使产品能在给定的工作条件下正常运行而规定的正常允许值。一般常用的额定值有：额定电压、额定电流、额定功率，用 U_N、I_N、R_N 表示。

根据负载的大小，又分为满载、轻载、过载三种情况。负载在额定功率下的工作状态叫额定工作状态或满载；低于额定功率的工作状态叫轻载；高于额定功率的工作状态叫过载。由于过载很容易烧坏电器，所以一般情况下不允许出现过载。

2. 断路状态

断路就是电源两端电路某处断开，又称开路状态、空载状态。开路时，电路中没有电流通过，电源不向负载输送电能，电源两端的电压称为开路电压。

断路状态的主要特点是：电路中的电流为零。电源端电压和电动势相等。

3. 短路状态

当电源两端由于某种原因短接在一起时，电源则被短路，在这种状态下，电路中的电流（短路电流）$I=E/R$，因电源的内阻很小，短路电流可能达到非常大的数值。短路通常是严重的事故，电源有烧毁的危险，应尽量避免发生。为了防止短路事故，通常在电路中接入熔断器或断路器，以便在发生短路时能迅速切断故障电路。

四、电路中的元件

图 1.4 所示为家用电风扇电路，它包含电阻、电容、电感、电源四种二端元件，其中电阻元件、电容元件、电感元件不产生能量，称为无源元件；电源元件是电路中提供能量的元件，称为有源元件。二端元件两端间的电压与通过它的电流之间都有确定的约束关系，这种关系叫作元件的伏安特性。该特性由元件性质决定，元件不同，其伏安特性不同。

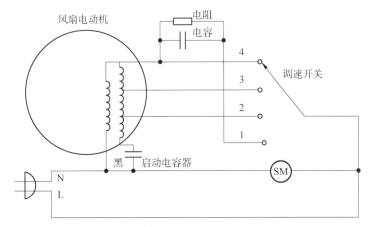

图 1.4　家用电风扇电路

1. 电阻元件及欧姆定律

（1）电阻元件相关概念　电阻器是具有一定电阻值的元器件，在电路中用于控制电流、电压和控制放大了的信号等。电阻器通常就叫电阻，在电路图中用字母"R"或"r"表示。电阻器单位是欧姆，简称欧，通常用符号"Ω"表示。电阻元件是从实际电阻器抽象出来的

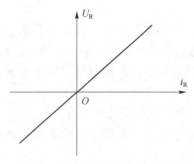

图 1.5 电阻元件的伏安特性

理想化模型，是代表电路中消耗电能这一物理现象的理想二端元件。如电灯泡、电炉、电烙铁等这类实际电阻器，当忽略其电感等作用时，可将它们抽象为仅消耗电能的电阻元件。

（2）电阻元件的伏安特性和欧姆定律　电阻元件的伏安特性，可以用电流为横坐标、电压为纵坐标的笛卡儿坐标平面上的曲线来表示，称为电阻元件的伏安特性曲线。如果伏安特性曲线是一条过原点的直线，如图 1.5 所示，这样的电阻元件称为线性电阻元件，本书中所有的电阻元件，除非特别指明，都是线性电阻元件。

欧姆定律是电路分析中的重要定律之一，它说明流过线性电阻的电流与该电阻两端电压之间的关系，反映了电阻元件的特性。

欧姆定律指出：在电阻电路中，当电压与电流为关联参考方向，电流的大小与电阻两端的电压成正比，与电阻值成反比。即欧姆定律可用下式表示：

$$I = U/R$$

欧姆定律表达了电路中电压、电流和电阻的关系，它说明：

如果电阻保持不变，当电压增加时，电流与电压成正比例地增加；当电压减小时，电流与电压成正比例地减小。

如果电压保持不变，当电阻增加时，电流与电阻成反比例地减小；当电阻减小时，电流与电阻成反比例地增加。

2. 电感元件

（1）电感元件相关概念　实际电感线圈就是用漆包线或纱包线或裸导线一圈靠一圈地绕在绝缘管上或铁芯上而又彼此绝缘的一种元件。其在电路中多用来对交流信号进行隔离、滤波或组成谐振电路等。电感线圈简称线圈，在电路图中用字母"L"表示。

电感线圈是利用电磁感应作用的器件。在一个线圈中，通过一定数量的变化电流，线圈产生感应电动势大小的能力就称为线圈的电感量，简称电感。电感常用字母"L"表示。电感的单位是亨利，简称亨，通常用符号"H"表示，常用单位还有"μH""mH"。

（2）电感元件的特性　任何导体当有电流通过时，在导体周围就会产生磁场，如果电流发生变化，磁场也随着变化，而磁场的变化又引起感应电动势的产生。这种感应电动势是由于导体本身的电流变化引起的，称为自感。电感元件作为储能元件能够储存磁场能量，常见电磁关系如图 1.6 所示。线圈的匝数与穿过线圈的磁通之积为 $N\Phi$，称为磁链。当电感元件为线性电感元件时，电感元件的特性方程为

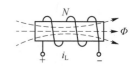

图 1.6　电感元件的电磁关系

$$N\Phi = Li$$

式中，L 为元件的电感系数（简称电感），是一个与电感器本身有关，与电感器的磁通、电流无关的常数，其单位为亨［利］（H），有时也用毫亨（mH）、微亨（μH）表示。磁通 Φ 的单位是韦［伯］（Wb）。

自感电动势的方向，可由右手定则确定。即当线圈中的电流增大时，自感电动势的方向

和线圈中的电流方向相反，以阻止电流的增大；当线圈中的电流减小时，自感电动势的方向和线圈中的电流方向相同，以阻止电流的减小。总之当线圈中的电流发生变化时，自感电动势总是阻止电流的变化。

自感电动势的大小，一方面取决于导体中电流变化的快慢，另一方面还与线圈的形状、尺寸、线圈匝数以及线圈中介质情况有关。

3. 电容元件

（1）电容元件相关概念 实际电容器是由两片金属极板中间充满电介质（如空气、云母、绝缘纸、塑料薄膜、陶瓷等）构成的，在电路中多用来滤波、隔直、交流耦合、交流旁路及与电感元件组成振荡回路等。电容器又名储电器，在电路图中用字母"C"表示，电容器的单位是法拉，简称法，通常用符号"F"表示。常用的单位还有"μF""pF"。

（2）电容元件的特性 当电容元件两端的电压发生变化时，极板上聚集的电荷也相应地发生变化，这时电容元件所在的电路中就存在电荷的定向移动，形成了电流。当电容元件两端的电压不变时，极板上的电荷也不变化，电路中便没有电流。当电容为线性电容时，电容元件的特性方程为

$$q = Cu$$

只有当电容元件两端的电压发生变化时，才有电流通过。电压变化越快，电流越大。当电压不变（直流电压）时，电流为零。所以电容元件有隔直通交的作用。电容元件在某时刻储存的电场能量只与该时刻的电容元件的端电压有关。当电压增加时，电容元件从电源吸收能量，储存在电场中的能量增加，这个过程称为电容的充电过程。当电压减小时，电容元件向外释放电场能量，这个过程称为电容的放电过程。电容在充放电过程中并不消耗能量，因此，电容元件是一种储能元件。

拓展知识

正弦交流电与三相交流电源

1. 正弦交流电

大小和方向随时间按正弦规律变化的电源称为正弦交流电，与直流电相比，具有发电成本低、转换容易等特点，在生产和生活中得到广泛运用。

交流电的大小和方向都是随时间不断变化的，通过某元件的正弦电流 i 通常如图 1.7 所示。其数学表达式为：$i(t) = I_m \sin(\omega t + \psi)$。它表示电流 i 是时间 t 的正弦函数，不同的时间有不同的量值，称为瞬时值，用小写字母表示。

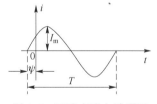

图 1.7 正弦交流电波形图

I_m 为正弦电流的最大值（幅值），即正弦量的振幅，用大写字母加下标 m 表示正弦量的最大值，例如 I_m、U_m、E_m 等，它反映了正弦量变化的幅度。ω 为角频率，表示正弦量在单位时间内变化的角度，反映正弦量变化的快慢。$(\omega t + \psi)$ 随时间变化，称为正弦量的相位，它描述了正弦量变化的进程或状态。ψ 为 $t = 0$ 时刻的相位，称为初相位（初相角），简称初相，它描述正弦量起始的早晚。

最大值、角频率和初相位称为正弦量的三要素。

交流电是在不断变化的，瞬时值和最大值均不能反映交流电实际做功的效果，因此在电工技术中，把热效应相等的直流电流（或电压、电动势）定义为交流电流（或电压、电动势）的有效值，常用有效值来衡量做功能力的大小。交流电流、电压和电动势有效值的符号分别是 I、U 和 E，理论分析表明，交流电的有效值和幅值存在如下关系：

$$I=I_m/\sqrt{2} \ ; \ U=U_m/\sqrt{2} \ ; \ E=E_m/\sqrt{2}$$

一般情况下，若无特殊说明，交流电的大小总是指有效值；各种交流电气设备上所标注的额定电压和额定电流的数值都是有效值；另外，利用交流电流表和交流电压表测量的交流电流和交流电压也都是有效值。我们通常说照明电路电压 220 V，便是指它的电压有效值为 220 V。

2. 三相交流电源

三相交流电较单相交流电有很多优点，它在发电、输配电以及电能转换成机械能等方面都有明显的优越性。日常生活中所用的单相交流电，实际上是由三相交流电的一相提供的。三相交流电源是指由三个频率相同、振幅相等、相位依次互差 120° 电角度的交流电势组成的电源。在电力工业中，三相电路中的电源通常是三相相同发电机产生的，其原理如图 1.8 所示。

三相发电机中转子上的励磁线圈 MN 内通有直流电流，使转子成为一个电磁铁。在定子内侧面、空间相隔 120° 的槽内装有三个完全相同的线圈 A-X，B-Y，C-Z。转子与定子间磁场被设计成正弦分布。当转子以角速度 ω 转动时，三个线圈中便感应出频率相同、幅值相等、相位互差 120° 的三个电动势。由这样的三个电动势的发电机便构成一对称三相电源，其产生的交流电波形如图 1.9 所示。

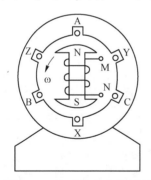

图 1.8　三相交流发电机原理

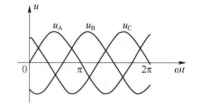

图 1.9　三相交流电波形图

三相电源的三个绕组线圈是电源的输出端，通常的连接方式是星形（也称 Y 形）连接和三角形（也称 △ 形）连接。对三相发电机来说，通常采用星形连接，如图 1.10 所示，将对称三相绕组的尾端 X、Y、Z 连在一起，首端 A、B、C 引出作输出线。三个电源首端 A、B、C 引出的线称为端线（俗称火线），连接在一起的 X、Y、Z 点称为三相电源的中点，用 N 表示，从中点引出的线称为中线（俗称零线）。电源每相绕组两端的电压称为电源的相电压，而端线之间的电压称为线电压。

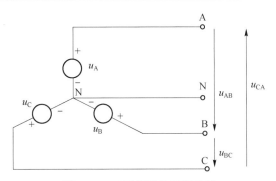

图 1.10 三相绕组的星形连接

　　三相电源星形连接的供电方式有两种：一种是三相四线制（三条端线和一条中线），另一种是三相三线制，即无中线。目前电力网的低压供电系统（又称民用电）为三相四线制，此系统供电的线电压为 380 V，相电压为 220 V，通常写作电源电压 380/220 V。

 任务实施

1. 准备手电筒、电风扇、基本拆装工具等实训器材。

2. 学生按 5~8 人分成工作小组，布置工作任务。

（1）阅读两种电器的说明书，了解电器的基本参数。

（2）按规范测试两种电器的通断，并组内讨论其电源、功能。

（3）教师拆解电风扇，指导学生仔细观察内部零件。

3. 配合实训步骤，进行相关知识学习。

（1）观察电气设备，学习电路的组成。

（2）阅读说明书并讨论，学习电路基本物理量。

（3）测试电器通断，学习电路的工作状态。

（4）拆解电风扇，观察主要零件，学习电路中的主要元件。

4. 学习总结与讨论。

5. 知识拓展与开放性作业。

 同步测试

一、选择题

1. 在电路的组成中，下列不是控制和保护装置的是（　　）。

A. 继电器　　　　　B. 熔丝　　　　　C. 断路器　　　　　D. 电动机

2. 关于用电设备功率，说法错误的是（　　）。

A. 电动机功率越大，做功越快　　　　　B. 灯泡功率越大，越明亮

C. 电动车功率越大，速度越高　　　　　D. 电视机屏幕功率越大，耗电越快

3. 电气设备工作时，容易导致故障的是（　　　）。

A. 空载　　　　　　B. 轻载　　　　　　C. 满载　　　　　　D. 过载

4. 下列电器的元件可以认为是纯电阻的是（　　　）。

A. 热水器的加热棒　　　　　　　　　B. 电风扇的电机

C. 白炽灯的钨丝　　　　　　　　　　D. 电熨斗的加热板

二、判断题

1. 手电筒电源为电池组，因此其工作电路是直流电路。　　　　　　　　　（　　）

2. 电路的参考点不同，元件两端的电压也不同。　　　　　　　　　　　　（　　）

3. 短路状态是非常危险的，可能引发火灾。　　　　　　　　　　　　　　（　　）

4. 交流电信号无法通过电容元件。　　　　　　　　　　　　　　　　　　（　　）

任务二

家庭供电电路

 任务描述

　　本任务主要是认识家庭供电电路，了解电路中主要元件的功能和参数。通过本项任务的学习，使学生能了解家庭用电常识，规范日常用电行为，为以后的安全用电打下基础。

 **任务分析**

　　观察家庭电路布置，分析供电电路图，阅读各元件说明书和参数配置，思考用电负荷和各元件之间的匹配关系，了解家庭用电习惯和规律，熟悉日常生活用电知识。

相关知识

一、家庭电路及特点

　　家庭电路即家庭里用来给电灯、电视机、洗衣机、电冰箱等电气设备供电的线路。它具有以下特点：

　　（1）供电容量不高　在 6~10 kW 之间，基本满足绝大部分家庭需求。房屋设计根据居住面积来确定供电容量，例如 80 m² 的房子一般为 6 kW；100 m² 一般为 8 kW。

　　（2）回路比较分散　绝大部分家庭中的某个位置会设计一个配电箱，按功能或生活区域用来控制各种回路，如卧室、厨房、灯具、空调、插座等回路。

　　（3）电线不是很粗　家庭中常规电线的规格一般为 2.5 mm² 和 4 mm² 铜芯导线。2.5 mm² 导线适用于照明回路和普通插座回路，4 mm² 导线适用于干路和柜式空调专用回路。

　　因此，家庭电路设计安装要根据用电需求，综合考虑电线、开关、保护装置的选择。使用过程中若电路出现问题，一定要依据家庭电路的特点去进行分析，进而排除故障。

二、简单家庭电路

家庭电路一般由进户线、电能表、总开关和保险盒、用电器、插座、导线、开关等组成，如图 1.11 所示。

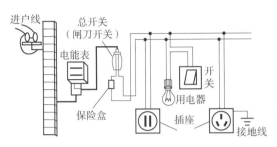

图 1.11　家庭电路的组成

1. 进户线

进户线是两根从室外引入室内、之间有 220 V 电压的导线，是家庭电路的电源。一根是火线，由三相变压器相线引出，与大地之间有 220 V 的电压；另一根是零线，由三相变压器中性线引出，与大地之间没有电压。零线和火线可以用测电笔来判别，能使测电笔的氖管发光的是火线，不能使氖管发光的是零线。

2. 电能表

电能表是用来测量用户在一定时间内消耗多少电量的仪表，如图 1.12 所示。它装在供电线路其他元件之前，表的下部是接线盒，盒盖内壁印有接线图。电能表的铭牌标有额定电压 U、允许通过最大电流值 I 等参数。一只标有 "220 V　5 A" 的电能表，表示用在总功率不超过 1 100 W 的电路中是合适的。电能表的单位为千瓦时，也叫度，测量方法为起始时间和结束时间的差就是该段时间消耗的电能，注意通常最后一位数字为小数部分。

图 1.12　电能表

3. 总开关

总开关用来控制整个电路的通断，有闸刀开关、空气开关等多种形式，如图 1.13 所示。

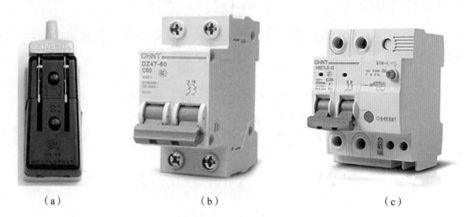

（a） （b） （c）

图 1.13 各种形式的电源总开关

（a）闸刀开关；（b）空气开关；（c）带漏电保护器的空气开关

传统家庭一般使用双刀开关同时控制火线和零线，也有家庭电路里不安装总开关，而是在该处安装保险盒。闸刀开关内有熔丝（俗称保险丝），安装时应直立，电源线从夹座接入，由熔丝下侧引出，注意不要倒装。熔丝由铅锑合金制成，其电阻率大、熔点低，如家庭电路负荷过大，干路电流超过允许通过的最大电流，其会迅速熔断以保护用电设备和线路。注意熔丝熔断后需排除相关问题，再更换相同规格的熔丝，切不可用铜丝和铁丝替代，否则会起不到保险作用，存在很大风险。

家用空气开关是一种低压断路器，它集控制和多种保护功能于一身，被广泛应用于家庭配电网络和电力拖动系统中，除能完成接触和分断电路外，还能对电路或电气设备发生的短路、严重过载及欠电压等进行保护。家用空气开关有 1P 和 2P 两种形式，1P 只能断开 1 根火线，2P 可同时断开火线和零线。目前家庭使用 DZ 系列的家用空气开关（带漏电保护的小型断路器），常见的有以下型号/规格：C16、C25、C32、C40、C60、C80、C100、C120 等，其中 C 表示脱扣电流，即起跳电流，例如 C32 表示起跳电流为 32 A。空气开关的选择主要考虑用电负荷，总开关可根据需求选择 C40、C60、C80 等型号，支路开关可根据选择 C16、C25 等型号。另外，安装空调、热水器等大功率设备需独立安装空气开关，例如安装 6 500 W 热水器要用 C32 型号的空气开关。

4. 插座

插座主要为电视机、洗衣机、电风扇、电冰箱等可移动电器提供便利电源。家庭用插座有双孔和三孔之分，三孔插座又有 10 A 和 16 A 两种规格。家中常用的电器都是普通的 10 A 以下电流，最常用的就是 10 A 五孔插座；家庭内空调、电热水器等大功率电器则需要选用 16 A 三孔插座。现在家用内装壁式插座多为 86 mm×86 mm，其安装步骤和线路连接方法如图 1.14 所示。

5. 照明电路

家庭室内空间不同，照明需求不同，总体要求照度均匀、使用方便、经济合理。从使用角度来看，厨房、餐厅、阳台、卫生间等区域采用单联开关即可，线路布置也非常简单；而客厅、卧室、楼道等区域更宜采用双控开关，连接方法如图 1.15 所示。照明灯具接入电路

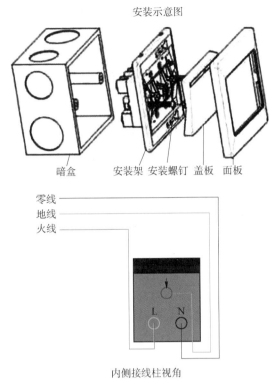

图 1.14　内装壁式插座安装步骤与线路连接方法

时灯座两个接线柱一个接零线、一个接火线，无论采用哪种控制方式，控制电灯的开关一定要安装在灯座与火线的连线上，以防维修时发生触电危险。

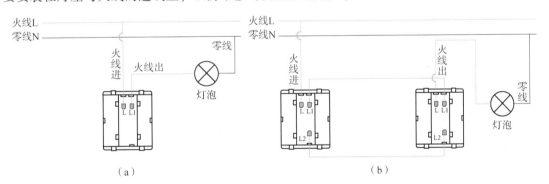

图 1.15　照明电路的连接方法

（a）单控线路；（b）双控线路

三、家庭电路常见故障

家庭电路常见的故障有断路、短路、过载、漏电等，后三种情况一般会引起空气开关跳闸现象。

1. 断路

当电路某处断开，电路中无电流通过，用电器不能工作，就是断路。包括：用电器内部断路、火线断路、零线断路。造成断路的主要原因：电线断开、线头脱落、接触不良、用电器烧坏等。

2. 短路

发生短路是电路中电流过大的原因之一，电流没有经过用电器而直接构成通路就是短路。包括：用电器外导线的短路和用电器内部的短路。

造成短路的主要原因：火线和零线用导线直接连接，在安装时致使火线和零线直接接通，或用电器内部火线和零线直接接通；电线或用电器的绝缘皮由于老化而破损，致使火线和零线直接接通。发生短路时，电路中的电阻很小，相当于导线的电阻，电路中的电流会很大。

3. 过载

当同时使用的用电器过多（多个用户集中同时使用多个大功率的用电器或一个插座上使用多个大功率的用电器），用电器的总功率过大，使电路中的电流过大，超过电路允许通过的电流，致使熔丝熔断或烧坏电能表或造成用电器两端电压低于额定电压而不能正常工作。

4. 漏电

用电器由于长期使用或接线不当，造成火线和其他不能带电的导体直接或间接接触，就是漏电，容易造成触电事故。

拓展知识

从发电到家庭用电

我们每天的生活都离不开电，电视、冰箱、电脑、洗衣机等各种各样的电器让我们的生活更加方便和美好，电已经成为最基础的能源之一。我们在家中用电非常简单，仅需用手指操纵电器开关，其实电力从产生到使用要经历一个非常复杂的过程，包括发电—变电（升压）—输电—变电（降压）—配电—用电等步骤，如图1.16所示。

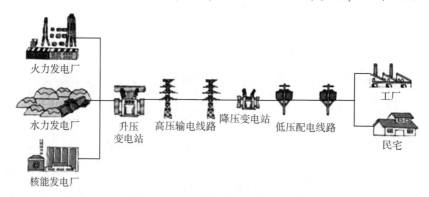

图1.16　电力的产生、输送与使用

1. 发电

电能的产生方式一般有两种：一是利用发电机将机械能转化为电能，二是将化学能或者光能之类直接转化为电能。发电站就是将自然界的一次能源转化为电能的地方。发电站可利用的能源很多，包括煤炭、石油、天然气、水力、风力、潮汐能、核能、太阳能等，它们都可用来驱动发电机产生电能。

2. 输电与变电

发电站产生电能之后需要输送给用户，但不同发电站的电压不一样（一般在 3～20 kV），且发电站和用户一般距离很远，不同地区电力供需也不平衡，因此需要国家电网统一输送调配。

电力的传输距离比较远，为降低电能损失，往往采用高压输电方式进行，因此输电的前后伴随着变电。根据不同输电线路的要求，输电途中会经历一次升压和几次降压过程：发电端的电由变电站将电压升高到相应的高压（从 10 kV 到 330 kV 不等，不同规格的输电线路，电压不同）后，经输电线路传输到用电地区，直至到达用电地区的降压变电站后，进行逐级降压，最终降至用电端的需求电压大小。电力线路的电压转换由各种变压器来完成。

3. 供电和配电

供配电系统是电力系统的电能用户，也是电力系统的重要组成部分。它是由总压降变电所、高压配电所、配电线路、车间变电所或建筑物变电所和用电设备组成。对于某个具体用户的供配电系统，可能上述各部分都有，也可能只有其中的几个部分，这主要取决于电力负荷的大小。

目前我国普遍采用三相四线制进行供电，可同时提供三相 380 V 低压动力电和单相 220 V 居民生活用电。三相四线制线路中有三条火线和一条零线，而进入居民家庭的为其中一条火线和零线，这两条电线构成单相线路中电流的回路。在三相四线制供电线路中，三相电整体供需平衡时，零线上是无电流的。

 任务实施

1. 准备空气开关、电能表、灯具、插座、开关、导线、基本拆装工具等实训器材。

2. 学生按 5~8 人分成工作小组，布置工作任务。

（1）观察实训室供电路线，了解电器的布置及使用情况。

（2）比较实训室与自己家庭的供电，并组内讨论异同。

（3）熟悉实训器材，仔细观察其主要参数。

3. 配合实训步骤，进行相关知识学习。

（1）观察实训室，讨论家庭电路，学习家庭电路的特点。

（2）熟悉主要实训器材，学习家庭电路的组成。

（3）参照家庭电路，连接家庭电路模拟展板。

（4）测试展板连接效果，学习家庭电路常见故障。

4. 学习总结与讨论。

5. 知识拓展与开放性作业。

同步测试

一、 选择题

1. 家用照明电路常用的导线横截面积为 ( )。

A. 1.5 mm² B. 2.5 mm² C. 3.5 mm² D. 4 mm²

2. 下列家庭电器需选用 16 A 三孔插座的是 ( )。

A. 电热水器 B. 电视机 C. 吸油烟机 D. 电脑

3. 下列区域宜采用双控照明电路的是 ( )。

A. 卫生间 B. 厨房 C. 卧室 D. 阳台

二、 判断题

1. 家庭电路的回路比较分散,最好设置一个集中式配电箱。 ( )

2. 闸刀式开关通常控制家庭总电路,正反装都可以。 ( )

3. 控制电灯的开关一定要安装在灯座与火线的连线上。 ( )

4. 家庭电路的熔丝烧断,可以用铁丝替代。 ( )

项目评价

序号	任务	分值	评分标准	组评	师评	得分
1	认识简单电路	40	1. 介绍电气设备的电路组成 2. 知道电气设备的额定参数 3. 说出电阻、电容、电感的功能及性能特点			
2	家庭电路基础	40	1. 说出实训室电路的布置 2. 认识各种开关、电能表、插座等 3. 模拟家庭电路接线			
3	小组总结	20	分组讨论,总结项目学习心得体会			
指导教师:				得分:		

答案

项目二 安全用电与触电急救

安全用电和触电急救

【项目介绍】

在家电的使用和维护过程中离不开各种工具，本项目首先详细介绍家庭常用的扳手、螺钉旋具、钳子、电工刀、胶带和验电器等常用工具，其次描述安全用电的知识，使大家了解电流和静电对人体的伤害及触电形式，知道如何急救。

【知识目标】

1. 掌握各种常用家庭用电工具的用途及使用方法。
2. 掌握验电器的使用方法和注意事项。
3. 了解电流和静电对人体的伤害和触电形式。
4. 掌握触电急救与防护措施。

【技能目标】

1. 会使用扳手、螺钉旋具、钳子、电工刀、胶带等各种常用家庭用电工具。
2. 能利用验电器检查导体是否带电。
3. 会分析各种触电形式下人体承受的电压，理解保护接地和保护接零的意义，知道在何种情况下应用。
4. 发生触电事故时，能及时对触电者进行急救。

【素质目标】

1. 培养学生的动手实践能力和细心严谨的作风。
2. 培养学生热爱生活、珍爱生命的态度。

19

"电工接线时触电了，快来急救！"太白小区一业主家电路发生短路，在维修过程中忘记切断电源了，导致电工触电受伤。经验丰富的急诊医生在接通电话后，了解到患者触电后已经没有了心跳，立刻电话指导业主对患者进行心肺复苏，按压患者胸口位置，看胸廓起伏，进行人工呼吸，第一时间挽救了患者生命。如何正确使用各种家电及用电工具，防止触电？若发生触电事故，怎样及时对触电者进行急救？

任务一
家庭用电常备工具与量具

任务描述

几乎每户家庭都有各种各样的家用工具和量具，每种工具或量具的结构和功能各不相同，用途差异也很大。本任务将带领同学们系统学习各种常备的工具和量具。

任务分析

熟悉家庭常用的扳手、螺钉旋具、钳子、电工刀、胶带和验电器等常用工具结构，掌握各种常用家庭用电工具的用途及使用注意事项。

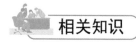

相关知识

一、家庭常用工具

1. 扳手

扳手用以紧固或拆卸带有棱边的螺母和螺栓，常用的扳手有开口扳手、梅花扳手、套筒扳手、活动扳手、扭力扳手、内六角扳手等。

（1）开口扳手　最常见的一种扳手，又称呆扳手，如图2.1所示。其开口的中心平面和本体中心平面成15°角，这样既能适应人手的操作方向，又可降低对操作空间的要求。其规格是以两端开口的宽度 S（mm）来表示的，如8—10、12—14等；通常是成套装备，有八件一套、十件一套等；通常用45、50钢锻造，并经热处理。

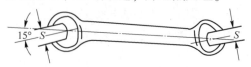

图2.1　开口扳手

（2）梅花扳手　梅花扳手与开口扳手的用途相似。其两端是花环式的。其孔壁一般是12边形，可将螺栓和螺母头部套住，扭转力矩大，工作可靠，不易滑脱，携带方便，如图2.2所示。使用时，扳动30°后，即可换位再套，因而适用于狭窄场合操作。与开口扳手相比，梅花扳手强度高，使用时不易滑脱，但套上、取下不方便。其规格以闭口尺寸S（mm）来表示，如8—10、12—14等；通常是成套装备，有八件一套、十件一套等；通常用45钢或40Cr锻造，并经热处理。使用时要与相应的螺栓或螺母对应。

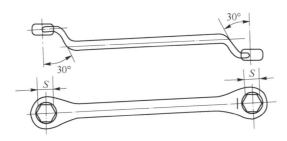

图2.2　梅花扳手

（3）套筒扳手　套筒扳手的材料、环孔形状与梅花扳手相同，适用于拆装位置狭窄或需要一定扭矩的螺栓或螺母，如图2.3所示。套筒扳手主要由套筒头、滑头手柄、棘轮手柄、快速摇柄、接头和接杆等组成，各种手柄适用于各种不同的场合，以操作方便或提高效率为原则。常用套筒扳手的规格是10~32 mm。

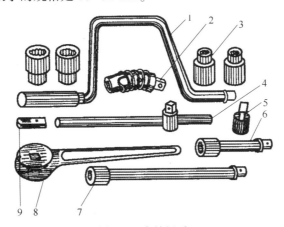

图2.3　套筒扳手

1—快速摇柄；2—万向接头；3—套筒头；4—滑头手柄；5—旋具接头；6—短接杆；7—长接杆；8—棘轮手柄；9—直接杆

（4）活动扳手　其开口尺寸能在一定的范围内任意调整，使用场合与开口扳手相同，但活动扳手操作起来不太灵活，如图2.4所示。其规格是以最大开口宽度（mm）来表示的，常用的有150 mm、300 mm等，通常是由碳素钢（T）或铬钢（Cr）制成的。

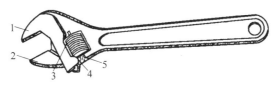

图2.4　活动扳手

1—扳手体；2—活动扳口；3—蜗轮；4—蜗杆；5—蜗杆轴

（5）扭力扳手　其是一种可读出所施扭矩大小的专用工具，如图 2.5 所示。其规格是以最大可测扭矩来划分的，常用的有 294 N·m、490 N·m 两种。扭力扳手除用来控制螺纹件旋紧力矩外，还可以用来测量旋转件的启动转矩，以检查配合、装配情况。

图 2.5　扭力扳手

（6）内六角扳手　其是用来拆装内六角螺栓（螺塞）的，如图 2.6 所示。规格以六角形对边尺寸表示，有 3~27 mm 尺寸的 13 种。

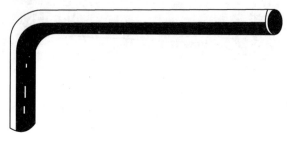

图 2.6　内六角扳手

螺丝旋具

2. 螺钉旋具

螺钉旋具俗称螺丝刀，主要用于旋松或旋紧有槽螺钉。螺钉旋具（以下简称旋具）有很多类型，其区别主要是尖部形状，每种类型的旋具可按长度不同分为若干规格。常用的旋具是一字螺钉旋具和十字槽螺钉旋具。

（1）一字螺钉旋具　又称一字起子、平口改锥，用于旋紧或松开头部开一字槽的螺钉，如图 2.7（a）所示。一般工作部分用碳素工具钢制成，并经淬火处理。其规格以刀体部分的长度表示，常用的规格有 100 mm、150 mm、200 mm 和 300 mm 等几种。使用时，应根据螺钉沟槽的宽度选用相应的规格。

（2）十字槽螺钉旋具　又称十字形起子、十字改锥，用于旋紧或松开头部带十字沟槽的螺钉，材料和规格与一字螺钉旋具相同，如图 2.7（b）所示。使用时需要选用与十字槽螺钉规格相应的十字槽螺钉旋具。

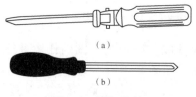

（a）

（b）

图 2.7　螺钉旋具

3. 钳子

在家庭用电操作中，钳子在导线加工、线缆弯制、设备安装等场合都有广泛的应用，钳子多用来弯曲或安装小零件、剪断导线或螺栓等。在结构上看，钳子主要由钳头和钳柄两部分构成。钳子可分为钢丝钳、斜口钳、尖嘴钳、剥线钳、压线钳等类型和规格。

（1）钢丝钳　如图 2.8 所示，钢丝钳又叫老虎钳，在家庭用电操作中，钢丝钳的主要功能是剪切线缆、剥削绝缘层、弯折线芯、松动或紧固螺母等。电工用钢丝钳的柄部套有绝缘套管（耐压 500 V），其规格用钢丝钳全长的毫米数表示，常用的有 150 mm、175 mm、200 mm 等。

注意，若使用钢丝钳修剪带电的线缆，则应当查看绝缘手柄的耐压值，并检查绝缘手柄上是否有破损处。若绝缘手柄破损或工作环境超过钢丝钳钳柄绝缘套的耐压范围，则说明该钢丝钳不可用于修剪带电线缆，否则会导致操作人员触电。

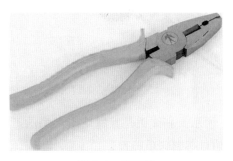

图 2.8　钢丝钳

钢丝钳

（2）斜口钳　斜口钳主要用于线缆绝缘片的剥削或线缆的剪切操作，斜口钳的钳头部位为偏斜式的刀口，可以贴近导线或金属的根部进行切割，如图 2.9 所示。斜口钳可以按照尺寸进行划分，比较常见的尺寸有 4 英尺[①]、5 英尺、6 英尺、7 英尺、8 英尺五个尺寸。

图 2.9　斜口钳

使用斜口钳时，应当将斜口钳的刀口正面朝上，背面靠近需要切割导线的位置，这样可以准确切割到位，防止切割位置出现偏差。

（3）尖嘴钳　如图 2.10 所示，因其头部细长，适用于在较小的空间内工作，能夹持较小的螺钉、垫圈、导线和电气元件，在安装控制线路时，尖嘴钳能将单股导线弯成接线端子，有刀口的尖嘴钳还可以剪断导线、剥削绝缘层。其规格以钳长来表示，常用 160 mm 一种。使用时应注意不能用力太大，否则钳口头部会变形或断裂。

---

①　1 英尺 = 0.304 8 米。

图 2.10 尖嘴钳

（4）剥线钳　如图 2.11 所示，剥线钳是家庭用电常用的工具之一，用来剥除线缆的绝缘层，可分为压接式剥线钳和自动剥线钳两种。

图 2.11　剥线钳

（5）压线钳　如图 2.12 所示，压线钳在家庭用电操作中主要用于线缆与连接头的加工。压线钳根据压接的连接件的大小不同，内置的压接孔也有所不同。使用压线钳时，一般使用右手握住压线钳手柄，将需要连接的线缆和连接头插接后，放入压线钳合适的卡口中，向下按压即可。

图 2.12　压线钳

4. 电工刀

如图 2.13 所示，电工刀是用于剖切导线、电缆的绝缘层，切割木台缺口，削制木榫的专用工具，一般由刀柄和刀片两部分组成。

使用电工刀应注意以下几点：

（1）切勿用力过大，以免不慎划伤手指和其他器具。

（2）使用时，刀口应朝外操作，不准对着他人。

（3）电工刀的手柄一般不绝缘，严禁用电工刀进行带电操作。

（4）在剥削操作时，以 45°切入，要注意不要损坏线芯。

（5）电工刀在使用时应避免切割坚硬的材料，以保护刀口。刀口用钝后，可用油石磨。如果刀刃部分破坏较重，可用砂轮磨，但必须防止退火。

图 2.13　电工刀

5. 电工胶布

电工胶布全名为聚氯乙烯电气绝缘胶粘带，用于各种电阻零件的绝缘。一般电工绝缘胶布有 3 种：第一种是绝缘黑胶布，第二种是 PVC 电气阻燃胶带，第三种是高压自粘带。

（1）绝缘黑胶布　如图 2.14 所示，绝缘黑胶布只有绝缘的功能，不阻燃也不防水，已逐渐被淘汰。

图 2.14　绝缘黑胶布

（2）PVC 电气阻燃胶带　如图 2.15 所示，具有绝缘、阻燃和防水三种功效，但由于是PVC 材质，所以延展性较差，不能把接头包裹得很严密，防水性不是很理想，但它现在已经被广泛应用。

（3）高压自粘带　如图 2.16 所示，一般用在等级较高的电压上。由于它的延展性好，在防水上要比 PVC 电气阻燃胶带更出色，所以人们也把它应用在低压的领域，但由于它的强度不如 PVC 电气阻燃胶带，通常这两种配合使用。

图 2.15 PVC 电气阻燃胶带

图 2.16 高压自粘带

二、家庭常用量具

1. 验电器

验电器是一种检测物体是否带电以及粗略估计带电量大小的仪器，如图 2.17 所示。上部是一金属球（也有用金属板），它和金属杆相连接，金属杆穿过橡皮塞，其下端挂两片极薄的金属箔，封装在玻璃瓶内。检验时，把物体与金属球（金属板）接触，如果物体带电，就有一部分电荷传到两片金属箔上，金属箔由于带了同种电荷，彼此排斥而张开，所带的电荷越多，张开的角度越大；如果物体不带电，则金属箔不动。当已知物体带电时，若要识别它所带电荷的种类，先把这带电体与金属球接触一下，使金属箔张开。然后，用已知的带足够多正电的物体接触验电器的金属球，如果金属箔张开的角度更大，则表示该带电体的电荷为正；反之，如果金属箔张开的角度减小，或先闭合而后张开，则表示带电体的电荷为负。以上事实意味着，带电体为增加同种电荷时，电荷的量值增大；带电体为增加异种电荷时，电荷的量值减小。因此，人们通常将正、负电荷分别表示为正值和负值。

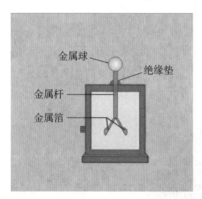

图 2.17 验电器

根据测量环境的区别，验电器可以分为低压验电器和高压验电器两种。

低压验电器又称为测电笔，多用于检测 12～500 V 低压。常见的低压验电器外形较小，便于携带，主要有笔式和螺钉旋具式两种。

（1）结构 笔式低压验电器的结构如图 2.18 所示，螺钉旋具式低压验电器如图 2.19 所示。

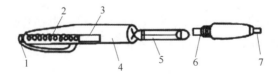

图 2.18 笔式低压验电器的结构

1—笔尾金属部分；2—弹簧；3—观察窗；4—笔身；5—氖泡；6—电阻；7—笔尖金属部分

图 2.19　螺钉旋具式低压验电器

低压验电器的组成主要包括笔尖、笔身、弹簧、氖泡、电阻等部分。

（2）验电原理　当使用低压验电器时，被测带电体通过低压验电器、人体与大地之间形成电位差（被测物体与大地之间的电位差超过 60 V），产生电场，低压验电器中的氖管在电场作用下便可发光。根据低压验电器中氖管发光的强弱，可以估计出电压的高低。氖管发光越强，则被测量物体的电压越高。在使用低压验电器时，要注意防止笔尖金属部分触及人手或别的导体，以防触电和短路。

（3）低压验电器的作用　低压验电器除了可以检测被测物体是否带电以外，还具备以下功能。

①区别相线和零线　对于交流电路，使氖管发光的即为相线，正常情况下，触及零线是不会发光的。

②区别直流电和交流电　根据氖管内电极的发光情况，可以区分交流电和直流电，测交流电时两个电极都发光，直流电则只能使一个电极发光，且发光的一侧是直流的负极。

③识别相线碰壳　可根据氖管是否发光判断设备的金属外壳有没有相线碰壳现象。

（4）低压验电器的使用方法　使用低压验电器时，手与笔尾金属体接触，使观察窗背光朝向自己，用金属笔尖接触被测物体，低压验电器的正确使用方法如图 2.20 所示。

（a）　　　　　　　　　　　　　　　（b）

图 2.20　低压验电器的正确使用方法

（5）使用验电器的注意事项

①验电器使用前，应在已知带电体上测试，证明验电器确实良好方可使用；

②使用时，应使验电器逐渐靠近被测物体，直至氖管发光，只有氖管不发光时，人体才可以与被测体试接触；

③螺钉旋具式验电器刀杆较长，应加套绝缘套管，避免测试时造成短路及触电事故。

高压验电器主要用来检验设备对地电压在 1 000 V 以上的高压电气设备。目前广泛采用的有发光型、声光型、风车式三种类型。高压验电器一般由检测部分（指示器部分或风车）、绝缘部分、握手部分三大部分组成。绝缘部分指自指示器下部金属衔接螺丝起至罩护环止的部分，握手部分指罩护环以下的部分，其中绝缘部分、握手部分根据电压等级的不同其长度也不相同，如图 2.21 所示。

图 2.21　高压验电器

在使用高压验电器进行验电时，首先必须认真执行操作监护制，一人操作，一人监护。操作者在前，监护人在后。使用验电器时，必须注意其额定电压要和被测电气设备的电压等级相适应，否则可能会危及操作人员的人身安全或造成错误判断。验电时，操作人员一定要戴绝缘手套，穿绝缘靴，防止跨步电压或接触电压对人体的伤害。操作者应手握罩护环以下的握手部分，先在有电设备上进行检验。检验时，应渐渐地移近带电设备至发光或发声止，以验证验电器的完好性。然后在需要进行验电的设备上检测。同杆架设的多层线路验电时，应先验低压，后验高压，先验下层，后验上层。

需要特别说明的是，在使用高压验电笔验电前，一定要认真阅读使用说明书，检查一下试验是否超周期，外表是否损坏、破伤。例如，GDY 型高压电风验电器在从包中取出时，首先应观察电转指示器叶片是否有脱轴现象，警报是否发出音响，脱轴者不得使用，然后将电转指示器在手中轻轻摇晃，其叶片应稍有摆动，证明良好，然后检查报警部分，证明音响良好。对于 GSY 型系列高压声光型验电器在操作前应对指示器进行自检试验，才能将指示器旋转固定在操作杆上，并将操作杆拉伸至规定长度，再作一次自检后才能进行。注意，高压验电器不能检测直流电压。

在保管和运输中，不要使其强烈振动或受冲击，不准擅自调整拆装，凡有雨雪等影响绝缘性能的环境，一定不能使用。不要把它放在露天烈日下暴晒，应保存在干燥通风处，不要用带腐蚀性的化学溶剂和洗涤剂进行擦拭或接触。

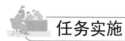任务实施

1. 准备扳手、一字螺钉旋具和十字槽螺钉旋具、钳子、电工刀、验电器等实训器材。

2. 学生按 5~8 人分成工作小组，布置工作任务。

（1）阅读各种器材的说明书，了解各用具的基本参数。

（2）按规范使用上述各种家庭用电常备工具，并注意使用事项。

（3）用验电器检测给定的导体是否带电以及粗略估计带电量大小。

3. 配合实训步骤，进行相关知识学习。

（1）观察扳手、一字螺钉旋具和十字槽螺钉旋具、钳子、电工刀、验电器等工具的结构组成。

（2）会使用各种家庭用电常备工具。

（3）会使用验电器测量是否带电。

4. 学习总结与讨论。

5. 知识拓展与开放性作业。

同步测试

一、填空题

1. 钳子主要由_____和_____两部分构成。

2. 验电器是一种检测物体_____的仪器。

3. 螺钉旋具主要用于旋松或旋紧有槽螺钉，常用的旋具是_____旋具

和_____旋具。

4. 在家庭用电操作中，钳子在_____、_____、_____等场合都有广泛的应用，钳子多用来弯曲或安装小零件、剪断导线或螺栓等。

5. 使用斜口钳时，应当将斜口钳的_____正面朝上，背面靠近需要切割导线的位置。

6. 电工刀一般由_____和_____两部分组成，使用电工刀应严禁用电工刀进行带电操作。

二、简答题

1. 简述使用钢丝钳的注意事项。

2. 简述使用电工刀的注意事项。

3. 低压验电笔的使用方法及注意事项是什么？

任务二

家庭安全用电

任务描述

在使用和维修各种家用电器时一定注意安全用电，学习本任务，同学们可以了解电流和静电对人体的伤害，掌握常见的触电形式及安全措施，养成规范用电的习惯。

 任务分析

学习安全用电知识，观察家庭常用电器的防触电安全措施，分析其保护接地或保护接零的电路图，建立完善的安全工作制度，规范家庭用电习惯，严格遵守操作规程，保护自身安全。

 相关知识

安全用电是指在使用电气设备的过程中保证人身和设备安全。我们常近距离接触和操作各种用电设备，人体是良好的导电性物质，当人体构成电路中的一部分时，电流会通过人体，引起人身触电的危险。

一、电流对人体的伤害

人体接触或接近带电体所引起的人体局部受伤或死亡的现象叫作触电，根据人体受到的伤害程度不同，分为电伤和电击两种。

1. 电伤

电伤是指在电弧作用下或熔丝熔断时飞溅的金属沫对人体外部的伤害，如烧伤、金属溅伤等。一般情况下，虽然电伤不会直接造成十分严重的伤害，但可能造成精神紧张等情况，从而导致摔伤、坠落等二次事故，即间接造成严重危害，需要注意防范。

2. 电击

电击是指电流通过人体，使内部器官组织受到损伤，是最危险的触电事故。如受害者不能迅速摆脱带电体，则极有可能造成死亡事故。大量触电事故资料和实验证明，电击所引起的伤害程度，取决于人体电阻的大小、通过人体的电流强度、电流通过人体的途径、作用于人体的电压及电流通过人体的时间长短等因素。

人体通过 10 mA 以下的工频电流或 50 mA 以下的直流电时，会使神经受到刺激，手指、关节疼痛，呼吸器官肌肉发麻；如果触电时间持续较长时甚至会失去知觉；如果电流通过大脑，会对大脑造成严重损伤；电流通过脊髓，会造成瘫痪；电流通过心脏，会引起心室颤动甚至心脏停止跳动。总之，以电流通过或接近心脏和脑部最为危险。通过时间越长，触电的伤害程度越严重。

实践证明，常见的 50~60 Hz 工频电流的危险性最大，高频电流的危险性较小，人体通过工频电流 1 mA 时会有麻木的感觉，10 mA 为摆脱电流，人体通过 50 mA 工频电流时，中枢神经会受到损害，从而使心脏停止跳动而死亡。

3. 安全电压和人体电阻

人体电阻主要集中在皮肤，一般在 40~80 kΩ，皮肤干燥时电阻较大，而皮肤潮湿或皮肤破损时人体电阻可下降到几十至几百欧姆。根据触电危险电流和人体电阻，可计算出安全电压为 36 V。但是电气设备环境越潮湿，安全电压就越低，在特别潮湿的场所中，必须采用高于 12 V 的电压。

二、触电形式

人体触电形式有单相触电、两相触电和电气设备外壳漏电等多种形式。

1. 单相触电

人体的某一部位接触一根相线，另一部位接触大地，人体承受相电压，如图 2.22 所示。

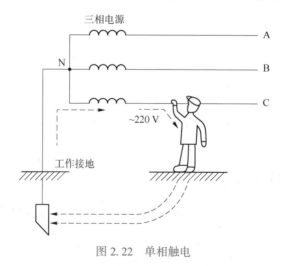

图 2.22 单相触电

2. 两相触电

人的双手或人体的某两部位分别接触三相电中的两根火线时，人体承受线电压，这时就会有一个较大电流通过人体，如图 2.23 所示。这种触电最危险。

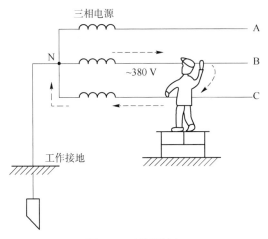

图 2.23　两相触电

3. 电气设备外壳漏电

电气设备的外壳本来不带电，但由于绝缘损伤等原因会使外壳带电。人体触及这些设备时，相当于单相触电。大多数触电事故属于这一种。为了防止这种触电事故，对电气设备常采用保护接地和保护接零的保护装置。

三、安全措施

为了防止触电事故，常采用的措施有两种：当电源中性点不接地时，采用保护接地；当电源中性点接地时，采用保护接零，如图 2.24 所示。

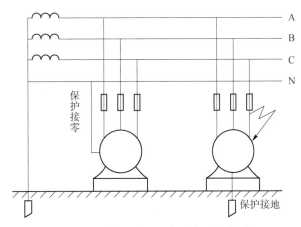

图 2.24　保护接地、保护接零示意图

1. 保护接地

将电气设备在正常情况下不带电的金属外壳或构架通过接地装置与大地有良好的连接的方法称为保护接地。防止电气设备在绝缘损坏或意外情况下金属外壳带电，确保人身安全，一般情况接地电阻要小于 4 Ω。适用于中性点不搭铁的低压系统中。

在正常情况下，电气设备的金属外壳与带电部分是绝缘的，电气设备外壳上不会带电。但如果电气设备内部绝缘体老化或损坏，与外壳短接时，电就会传到金属外壳上，如果外壳没有接地，电流就会经分布电容回到电源形成回路，操作人员便会触电。若外壳接地，人体与接地电阻并联，而人体电阻远远小于接地电阻，电流就会通过地线流入大地，通过人体的电流极其微小，对人体影响很小，起着保护的作用。

2. 保护接零

当电源中性点接地时，将电气设备需要接地的外漏部分与电源的中性线直接相连的方法称为保护接零。即将正常情况下不带电的金属外壳与中性线可靠地连接起来，在外壳接中性线后，如果一相线损坏而接触设备外壳时，则该相线短路，立即熔断或使其保护电器动作，迅速切断电源，消除触电危险。适用于中性点搭铁的低压系统中。

具有金属外壳的单相家用电器，为了避免触电，也应采取保护接零措施。要注意的是，这时应使用三脚安全插头和三眼安全插座。

四、静电的危害与预防

1. 静电的危害

静电是一种处于静止状态的电荷，这种电荷是通过相对运动、摩擦或接触产生的，一般聚集于人体或其他物体。

静电的危害主要有三个方面：第一方面是静电会直接导致家用电器出现故障，影响其使用寿命；第二方面是静电的电击现象可导致操作失误进而诱发人身事故或设备发生故障；第三方面是静电可直接引发爆炸、火灾等事故。

静电对人体造成电击伤害，会导致人体产生过激反应，使电工作业人员动作失常，诱发触电、高空坠落或设备故障等二次事故。

2. 静电的预防

静电预防的关键是限制静电的产生、加快静电的释放、进行静电的中和等，常采用的预防措施主要包括接地、搭接、静电中和、使用抗静电剂等。

（1）接地　接地是进行静电预防最简单、最常用的一种措施，是将物体上的静电电荷通过接地导线释放到大地。

（2）搭接　搭接是指将距离较近（小于 100 mm）的两个以上独立的金属导体，如金属管道之间、管道与容器之间进行电气上的连接，使其相互之间基本处于相同的电位，防止静电积累。

（3）静电中和　静电中和是进行静电防护的主要措施，是借助静电中和器将空气分子电离出与带电物体静电电荷极性相反的电荷，并与带电物体的静电电荷相互抵消，从而达到消除静电的目的。

（4）使用抗静电剂　对于一些高绝缘材料，无法有效释放静电时，可采用添加抗静电剂的方法，以增大材料的电导率，使静电加速释放，消除静电危害。

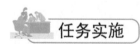 **任务实施**

1. 准备电视机天线和电线等实训器材。

2. 学生按 5~8 人分成工作小组，布置工作任务。

（1）阅读电视机天线的说明书，了解其基本参数。

（2）做出电视机天线的保护接地和接零的电路。

3. 配合实训步骤，进行相关知识学习。

（1）了解电流和静电对人体的危害。

（2）掌握单相触电、两相触电和电气设备外壳漏电三种触电方式。

（3）会做各种电器的保护接地和保护接零的电路。

4. 学习总结与讨论。

5. 知识拓展与开放性作业。

 同步测试

一、填空题

1. 人体触电形式有＿＿＿＿＿＿、＿＿＿＿＿＿和＿＿＿＿＿＿等多种形式。

2. 根据人体受到的伤害程度不同，触电分为＿＿＿＿＿＿和＿＿＿＿＿＿两种。

3. 有人触电停止呼吸，首先应采取的措施是＿＿＿＿＿＿。

4. 对人体而言，安全电流一般为＿＿＿＿＿＿。

5. 保护接地适用于＿＿＿＿＿＿供电系统中。

二、判断题

1. 电击有危险，电伤没有危险。　　　　　　　　　　　　　　（　　）

2. 人体接近高压带电设备，即使没有接触也可以触电。　　　　（　　）

3. 同一低压配电网中，设备可根据具体需要选择保护接地措施或保护接零措施。

　　　　　　　　　　　　　　　　　　　　　　　　　　　　（　　）

三、简答题

1. 人体触电的危险程度与哪些因素有关？

2. 常见的触电形式有哪些？

3. 什么是保护接地？在什么情况下采用？

4. 什么是保护接零？在什么情况下采用？

任务三 人类触电急救

任务描述

　　通过本任务的学习，知道触电事故发生后，如何最直接、最有效地实施救援，让触电者尽快得以急救，保证生命安全。

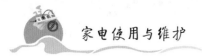

 **任务分析**

学习摆脱触电的应急措施及如何实施急救，采取完善的安全防护措施，保证人身安全。

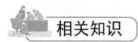 **相关知识**

一、脱离触电的应急措施

触电事故发生后，救护者要保持冷静，采取最直接、最有效的断电措施实施救援，让触电者尽快脱离触电环境。

1. 低压环境的触电脱离

低压环境的触电脱离是指触电者的触电电压低于 1 000 V 的环境下，若救护者在开关附近，应立刻切断电源，然后将触电者移到安全地方进行急救。若救护者离开关较远，无法及时关掉电源，救护人员应手持绝缘物体，脚踩绝缘物将触电者与带电体分离。救护者千万不能徒手直接接触触电者的身体，以免自己触电。

2. 高压环境的触电脱离

高压环境的触电脱离是指在电压达到 1 000 V 以上的高压线路或高压设备的触电事故中脱离电源。当发生高压触电事故时，其应急措施应比低压触电更加谨慎，因为高压已超过安全电压范围很多，接触高压时一定会发生触电事故，而且在不接触时，靠近高压也会发生触电事故。一旦发生高压触电事故，应立即通知电力部门断电，在没有断电的情况下不能接触触电者，否则有可能产生电弧，导致抢救者烧伤。可采取抛金属线（钢、铁、铜、铝）急救的方法，即先将金属线的一端接地，然后抛另一端金属线，这里注意抛出的另一端金属线不要碰到触电者或其他人，同时救护者应与断线点保持 5 ~ 10 m 的距离，以防跨步电压伤人。

二、触电急救

触电者脱离触电环境后，不要将其随便移动，应将触电者仰卧，并迅速解开触电者的衣服、腰带等，保证其正常呼吸，疏散围观者，保证周围空气畅通，同时拨打 120 急救电话。做好以上准备工作后，就可以根据触电情况做相应的救护。

1. 呼吸、心跳情况的判断

当发生触电事故时，若触电者意识丧失，应在 10 s 内迅速观察并判断伤者呼吸及心跳情况。

如触电者神志清醒，但有心慌、恶心、头疼、头昏、出冷汗、四肢发麻、全身无力等症状，则应让触电者平躺在地，并仔细观察触电者，最好不要让触电者站立或行走。

若触电者已经失去知觉，但仍有轻微的呼吸和心跳，则应让触电者就地仰卧平躺，要让气道畅通，应把触电者衣服及有碍于其呼吸的衣服和腰带解开，帮助其呼吸，并且在 5 s 内呼叫触电者或轻拍触电者肩部，以判断触电者意识是否丧失。在触电者神志不清时，不要摇动触电者的头部或呼叫触电者。

2. 触电者正确的躺卧姿势

使触电者仰卧，头部尽量后仰，颈部伸直，鼻孔朝天。天气炎热时，应使触电者在阴凉的环境中休息；寒冷时，应帮触电者保温并等待医生的到来。

3. 急救措施

人工呼吸、
心脏按压

通常情况下，若正规医疗救援不能及时到位，而触电者已无呼吸，但还有心跳，应及时采用人工呼吸进行救治。在进行人工呼吸前，首先确保触电者口鼻的畅通。

（1）用一只手捏紧触电者的鼻孔，使鼻孔紧闭；

（2）另一只手掰开触电者的嘴巴；

（3）除去口腔内的黏液、实物等异物；

（4）如果触电者牙关紧闭，无法用嘴呼吸，可采用口对鼻吹气的方法；

（5）如果触电者舌头后缩，将其舌头拉出来，使其呼吸畅通。

做完前期准备后，开始人工呼吸。一手抬起患者颈部，使其头部后仰，另一手压迫患者前额保持其头部后仰位置，使患者下颌和耳垂连线与床面垂直；将患者的下颌向上提起，用拇指和食指捏紧患者的鼻孔。深吸气后，将口唇紧贴患者口唇，把患者嘴完全包住，深而快地向患者口内吹气，时间应持续 1 s 以上即可，直至患者胸廓向上抬起。此时，立刻脱离接触，面向患者胸部再吸空气，以便再行下次人工呼吸。与此同时，使患者的口张开，并松开捏鼻的手指，观察胸部向下恢复原状，并有气体从患者口中排出。然后再进行第二次人工呼吸。如此反复进行上述操作，吹气时间为 2~3 s，放松时间为 2~3 s，5 s 左右为一个循环。重复操作，中间不可间断，直到触电者苏醒为止。

在触电者心音微弱、心跳停止或脉搏短而不规则的情况下，可采用胸外心脏按压救治的方法来帮助触电者恢复正常心跳。

首先选择压区，如图 2.25 所示。

然后向下挤压，如图 2.26 所示。

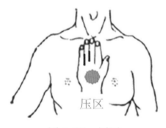

图 2.25　压区

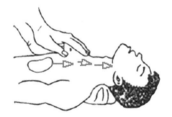

图 2.26　向下挤压

最后松手复原，如图 2.27 所示。

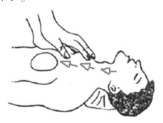

图 2.27　松手复原

胸外挤压的方法是：病人仰卧硬地上，松开领扣解衣裳；当胸放掌不鲁莽，中指应该对凹膛；掌根用力向下按，压下一寸至寸半；压力轻重要适当，过分用力会压伤；慢慢压下突然放，一秒一次最恰当。

三、防护措施

发生触电事故的原因很多，但都是触电者接触到带电体引起的。因此，预防触电事故除加强安全用电教育外，还必须有完善的安全措施，做到防患于未然。

（1）加强安全用电教育，在使用电器时严格按照操作规程进行操作。

（2）在任何情况下都不得用手来鉴别导体是否带电。

（3）更换熔断器时应先切断电源，不得带电操作。

（4）拆开或断裂的暴露在外部的带电接头，必须及时用绝缘物包好并悬挂到人身不会碰到的高处，防止有人触及。

（5）家庭一般只允许使用 36 V 的照明灯；在特别潮湿的场所只允许使用 12 V 以下的照明灯。

（6）为了防止意外触电事故，对各种电气设备应采取保护接地、保护接零、安装漏电保护器等措施。

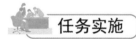

1. 准备心肺复苏模拟人、开关、导线等实验器材。

2. 学生按 5~8 人分成工作小组，布置工作任务。

（1）模拟低压环境的触电脱离。

（2）正确摆放模拟触电者的躺卧姿势。

（3）模拟实施人工呼吸和胸外心脏按压。

3. 配合实训步骤，进行相关知识学习。

（1）让触电者尽快摆脱触电环境的方法。

（2）通过模拟触电者，知道如何实施急救。

4. 学习总结与讨论。

5. 知识拓展与开放性作业。

一、填空题

1. 若救护者离开关较远，无法及时关掉电源，救护人员应手持_____物体，脚踩绝缘物将触电者与带电体分离。

2. 高压环境的触电脱离，可采取_____急救的方法。

3. 高压环境的触电脱离，救护者应与断线点保持 5~10 m 的距离，以防_____伤人。

4. 更换熔断器时应先_____，不得带电操作。

5. 家庭一般只允许使用 36 V 的照明灯；在特别潮湿的场所只允许使用＿＿＿＿＿＿＿＿＿＿V 以下的照明灯。

二、 简答题

1. 简述低压环境下如何触电脱离。

2. 简述胸外按压的方法。

 项目评价

序号	任务	分值	评分标准	组评	师评	得分
1	熟悉家庭用电常备工具与量具	30	1. 掌握家庭用电工具和量具的用途 2. 能利用验电器检查导体是否带电			
2	家庭安全用电	30	1. 分析各种触电形式下人体承受的电压 2. 会做各种电器的保护接地和保护接零的电路 3. 了解静电的危害及如何预防			
3	触电急救	20	1. 知道脱离触电的应急措施 2. 发生触电事故时，能及时对触电者进行急救			
4	小组总结	20	分组讨论，总结项目学习心得体会			
指导教师：				得分：		

答案

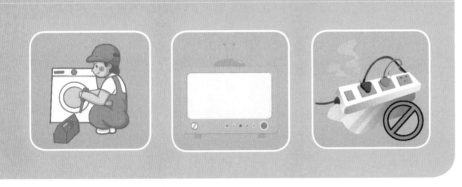

居家实用模块

项目三 照明器具的使用与维护

照明器具的使用与维护

【项目介绍】

照明器具是我们日常生活、生产中必不可少的工具，本项目基于常见的照明器具，介绍其分类、基本结构、日常的使用与维护等基础知识，以便解决生活中简单的照明问题。

【知识目标】

1. 认识常见的照明器具。
2. 会对照明器具进行分类。
3. 了解照明器具基本结构。
4. 掌握照明器具的基本工作参数。
5. 了解家庭照明器具的日常使用和维护。

【技能目标】

1. 会通过阅读器具说明书了解器具元件参数。
2. 会根据使用情况简单维护照明器具。
3. 能简单判断家庭照明器具的故障原因。

【素质目标】

1. 培养善于观察、乐于动手的良好习惯。
2. 培养勤于思考、严守规范的科学精神。

案例引入

　　某家庭新购一栋房屋，户内外供电线路已接通，户主根据不同使用需求，欲购买一批照明灯具，需求如下：

　　（1）卧室吸顶灯三色灯，带遥控器。

　　（2）客厅大功率三色灯，带遥控器（图3.1）。

　　（3）餐厅三色风扇灯，带遥控器。

　　（4）餐厅单色LED吸顶灯，不带遥控器。

　　（5）卫生间单色多功能浴霸灯，不带遥控器。

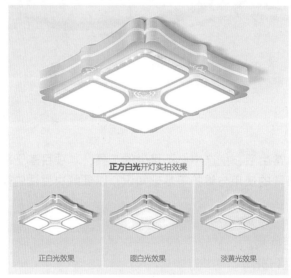

图3.1　家庭灯具

任务一

认识照明器具

任务描述

　　日常生活中，我们见过各种各样的照明器具，每种的结构和功能都各不相同，复杂程度差异也很大。为了更好地分析简单照明器具，通过本任务的学习，我们将系统掌握照明器具的分类，了解相关基础知识。

 任务分析

　　观察生活中常见的照明器具，根据结构特点、安装方式、配光曲线、光通量在空间的分

布、防触电保护方式、光源等进行准确的分类。

相关知识

一、照明器具的概念

照明器具又称灯具，是照明工具的统称，分为吊灯、台灯、壁灯、落地灯等。其指能透光、分配和改变光源光分布的器具，包括除光源外用于固定和保护光源的全部零部件，以及与电源连接所必需的线路附件。

灯具的发展历史悠久，古代的灯具具有单一的实用性和多样的装饰性，特别是宫灯，造型考究，装饰繁复。

现代灯具的用途更是复杂多样，包括家居照明、商业照明、工业照明、道路照明、景观照明、特种照明等。

二、根据照明器具结构特点分类

分为开启型、闭合型、密闭型、防爆型、防震型。

1. 开启型

光源与外界空间直接接触（无罩）。简单来说就是无封闭灯罩，多用于空间较高较大的场所，比如普通工厂的生产车间，如图3.2所示。

2. 闭合型

透明罩将光源包合起来，但内外空气仍能自由流通。不具备防水、防尘的功能。闭合型灯具的使用场所比较多，家庭照明多是闭合型灯具，如图3.3所示。

图3.2　开启灯

图3.3　闭合灯

3. 密闭型

透明罩固定处严密封闭，与外界隔绝相当可靠，内外空气不能自由流通。具有防水功能，如防水防尘灯具，如图3.4所示。

图3.4　密闭灯

4. 防爆型

多用于可燃性气体和粉尘等有爆炸危险性介质存在的危险场所，并且符合《防爆电气设备制造检验规程》的要求，有安全型、隔爆型，如图3.5所示。

5. 防震型

照明器采用防震措施，安装在有震动的设施上。多用于各种大型作业、施工现场和建筑物立面等场所的大范围照明，如图3.6所示。

图 3.5　防爆灯　　　　　　　　　　　　　　　图 3.6　防震灯

按安装方式，防震灯又分为壁挂式、吸顶式、座式（图3.7）。

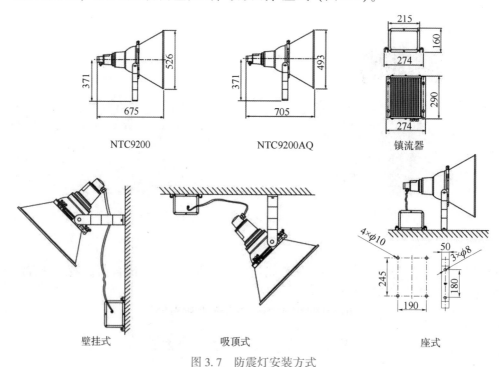

图 3.7　防震灯安装方式

三、根据照明器具安装方式分类

分为嵌入式、庭院式、道路广场式、壁灯、悬吊灯、吸顶灯、台式灯、落地灯。

1. 嵌入式

灯具安装后，灯具本体结构是不外露的，灯体其他部分是嵌入到建筑物或其他物体内而看不见的。在家庭装饰中比较常见，如图3.8所示。

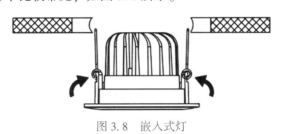

图3.8　嵌入式灯

2. 庭院式

庭院式灯是一种户外照明灯，高度一般在6 m以下，其主要由光源、灯具、灯杆、法兰盘、基础预埋件5部分组成，如图3.9所示。

图3.9　庭院式灯

庭院式灯具有多样性、美观性，具有美化和装饰环境的特点，所以也被称为景观庭院灯。主要用于城市慢车道、窄车道、居民小区、旅游景区、公园、广场等公共场所的室外照明，能够延长人们的户外活动的时间，保障财产的安全。

3. 道路广场式

道路广场式灯是给道路、广场提供照明功能的灯具，泛指交通照明中路面照明范围内的灯具，被广泛用于各种需要照明的地方，如图3.10所示。

4. 壁灯

壁灯是一种安装在室内墙壁上的辅助照明装饰灯具，一般光线淡雅和谐，可把环境点缀得优雅、富丽。其种类和样式较多，常见的有变色壁灯、床头壁灯、镜前壁灯等，如图3.11所示。

5. 悬吊灯

悬吊灯是一种通过链接装置悬在空气中的灯具，一般造型比较优美，既能照明又起到装饰的效果，如图3.12所示。家庭、娱乐休闲场所应用较多。

图 3.10　道路广场式灯

图 3.11　壁灯

6. 吸顶灯

吸顶灯的上方比较平，在安装时底部完全贴在屋顶上，如图 3.13 所示。光源有普通白灯泡、荧光灯、高强度气体放电灯、卤钨灯、LED 等。目前市场上最流行的就是 LED 吸顶灯，是家庭、办公室、文娱场所等经常选用的灯具。

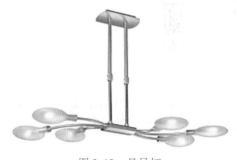

图 3.12　悬吊灯

图 3.13　吸顶灯

7. 台式灯

台式灯一般指放在桌子上用的有底座的电灯，但随着科技的进步，台式灯的外观、造型也在不断地发展，并逐渐出现了能够吸附在任意位置的磁吸式台式灯，其小巧精致，方便携带，如图 3.14 所示。台式灯的作用主要是照明，便于阅读、学习、工作等，已经远远超越了其本身的价值，甚至可以成为艺术品。

8. 落地灯

通常分为上照式落地灯和直照式落地灯。一般布置在客厅和休息区域，与沙发、茶几配合使用，以满足房间局部照明和点缀装饰家庭环境的需求（图 3.15）。在现代家庭装修中，各种各样的落地灯也出现在人们的视野中。

图 3.14　台式灯　　　　　　　　　　　图 3.15　落地灯

四、根据照明器具的配光曲线（图 3.16）分类

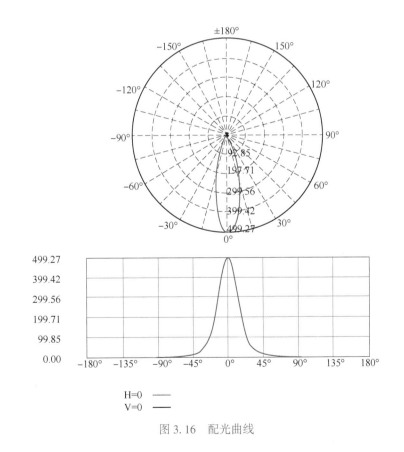

图 3.16　配光曲线

分为正弦分布型、广照型、均匀配照型、配照型、深照型、特深照型。

（1）正弦分布型　光强是角度的正弦函数。并且当角度为90°时，发光强度最大。

（2）广照型　最大光强分布在较大的角度内，可在较广阔的面积上形成均匀的照度。

（3）均匀配照型　各个角度的光强基本一致。

（4）配照型　光强是角度的余弦函数。

（5）深照型　光通量和最大光强都集中在0~30°的立体角内。

（6）特深照型　光通量和最大光强都集中在0~30°的立体角内。

五、根据照明器具光通量（图3.17）在空间的分布分类

分为直接型、半直接型、漫射型、半间接型、间接型。

（1）直接型　光线集中，工作面上可获得充分照度。

（2）半直接型　光线集中在工作面上，空间环境有适当照明，比直接型眩光小。

（3）漫射型　光线柔和，空间各方向光通量基本一致，无眩光，光损失较大。

（4）半间接型　增加反射光的作用，使光线比较均匀柔和。

（5）间接型　扩散性好，光线柔和均匀，避免眩光，但光的利用率低。

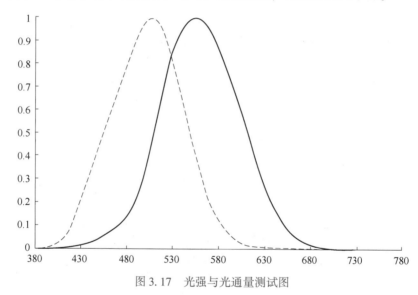

图 3.17　光强与光通量测试图

六、根据照明器具防触电保护方式分类

分为0类、一类、二类、三类。其中0类安全性最差。

（1）0类　依赖基本绝缘防止触电，一旦绝缘失效，靠周围环境提供保护，否则易触及部分和外壳会带电。安全程度不高，广泛应用于比较安全的场所，如空气干燥、尘埃稀少等条件下的吸顶灯、吊灯。

（2）一类　除基本绝缘外，在易触及部分和外壳装有接地装置，当基本绝缘失效时，不会有危险。金属外壳的照明器具居多，如投光灯、路灯、家庭灯等，有较高的安全性。

（3）二类　安全措施采用双重绝缘或加强绝缘，没有保护导线。有较好的绝缘性、较

高的安全性，多用于环境差、易触及的照明器具，如台灯、手电筒等。

（4）三类 采用特低安全电压，灯内的电压不会高于此值，安全程度最高，多用于环境差的地方，如机床工作灯。

防触电等级符号说明见表3.1。

表 3.1 防触电等级符号说明

类型	符号	说明
0类	无	—
一类	无	—
二类	▢	正方形内含正方形
三类	◇Ⅲ	正方形内含Ⅲ

七、按光源分类

分为白炽灯、卤钨灯、荧光灯、气体放电灯。

1. 白炽灯

将灯丝通电加热到白炽状态，利用热辐射发出可见光的电光源。白炽灯的光效虽低，但光色和集光性能很好，是产量最大、应用最广泛的电光源（图3.18）。

优点：安装工作容易简单，无须辅助电气元件，初期投入较少，显色性较好，产生暖色调光环境，调光方便。

缺点：灯的光效较差，平均寿命较短，产生大量的热，灯寿命易受电压波动影响，存在不够明亮的可能。

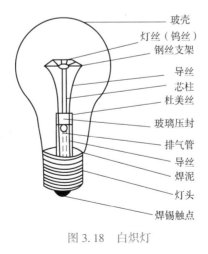

图 3.18 白炽灯

2. 卤钨灯

填充气体内含有部分卤族元素或卤化物的充气白炽灯（图3.19）。

用途：双端灯，用于泛光照明等室外照明；单端灯，用于室内应用领域，如商场、酒店、家居等的重点和装饰照明，办公室、阅览室的局部照明，这些地方主要考虑较高显色性和暖色调。

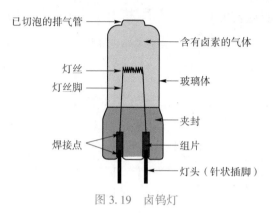

图 3.19　卤钨灯

3. 荧光灯

利用低气压的汞蒸气在通电后释放紫外线，从而使荧光粉发出可见光的原理发光，因此它属于低气压弧光放电光源（图 3.20）。

用途：家居酒店照明；办公区照明；商业照明，如商场、医院；工业照明；其他照明，如隧道、广告灯箱。

4. 气体放电灯

气体放电灯是由气体、金属蒸气或几种气体与金属蒸气的混合放电而发光的灯。荧光灯、高压汞灯、钠灯和金属卤化物灯是应用最多的照明用气体放电灯（图 3.21）。

图 3.20　荧光灯

图 3.21　气体放电灯

用途：除作为照明光源之外，在摄影、放映、晒图、照相复制、光刻工艺、化学合成、塑料及橡胶老化、荧光显微镜、光学示波器、荧光分析、紫外探伤、杀菌消毒、医疗、生物栽培、固体激光等方面都有广泛应用。

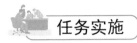

任务实施

1. 准备多种灯具照片，灯具模型。

2. 学生按 5~8 人分成工作小组，布置工作任务。

（1）观察灯具照片及模型，进行分类。

（2）比较不同灯具的结构，进行简单分析。

（3）根据不同的分类，介绍每种灯具的使用场景。

3. 学习总结与讨论。

4. 知识拓展与开放性作业。

同步测试

一、 判断题

1. 开启型灯具的光源与外界直接接触。   （   ）

2. 密闭型灯具具有防水、防尘的功能。   （   ）

3. 根据照明器具防触电保护方式分类，其中 0 类安全性最强。   （   ）

4. 漫射型灯具光线柔和，空间各方向光通量基本一致，无眩光，光损失较小。 （   ）

5. 闭合型灯具不具备防水、防尘的功能。   （   ）

二、 简答题

简述白炽灯的优缺点。

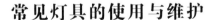

任务二
常见灯具的使用与维护

任务描述

　　本任务主要了解照明器具基本结构，掌握照明器具的基本工作参数，了解家庭照明器具的日常使用和维护。

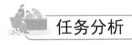

任务分析

　　会通过阅读器具说明书了解器具元件参数，会根据使用情况简单维护照明器具，能简单判断家庭照明器具的故障原因。

 相关知识

一、灯具的参数

灯具的主要参数有电压、电流、功率、色温、光通量、照度、光衰、色差、眩光、显色性等。

（1）电压　由于我国低压配供电网的单相电压均为交流 50 Hz/220 V，所以，除需要采用安全电压供电的部分灯具外，一般常见灯具采用的电压是交流 220 V。需要考虑安全的情况下，灯具采用 12 V、24 V、36 V 等安全电压。

（2）电流　根据灯泡的功率不同，电流不同。

（3）功率　$P = W/t = UI$。

（4）色温　色温是表示光线中包含颜色成分的一个计量单位（图 3.22），单位为 K（开尔文）。

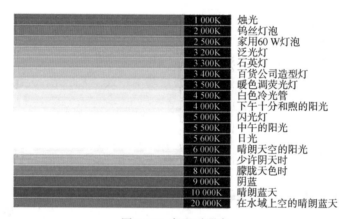

1 000K	烛光
2 000K	钨丝灯泡
2 500K	家用60 W灯泡
3 200K	泛光灯
3 300K	石英灯
3 400K	百货公司造型灯
3 500K	暖色调荧光灯
4 500K	白色冷光管
4 000K	下午十分和煦的阳光
5 000K	闪光灯
5 500K	中午的阳光
5 600K	日光
6 000K	晴朗天空的阳光
7 000K	少许阴天时
8 000K	朦胧天色时
9 000K	阴蓝
10 000K	晴朗蓝天
20 000K	在水域上空的晴朗蓝天

图 3.22　色温对照表

（5）光通量　指人眼所能感觉到的辐射功率，它等于单位时间内某一波段的辐射能量和该波段的相对视见率的乘积。

（6）照度　一般指光照强度。

（7）光衰　在对感光鼓表面充电时，随着电荷在感光鼓表面的积累，电位也不断升高，最后达到"饱和"电位，就是最高电位。表面电位会随着时间的推移而下降，一般工作时的电位都低于这个电位，这个电位随时间自然降低的过程，称为"暗衰"过程。感光鼓经扫描曝光时，暗区（指未受光照射部分的光导体表面）电位仍处在暗衰过程；亮区（指受光照射部分的光导体表面）光导层内载流子密度迅速增加，电导率急速上升，形成光导电压，电荷迅速消失，光导体表面电位也迅速下降，称之为"光衰"。

（8）色差　用白光进行成像时，除了每种单色光仍会产生五种单色像差外，还会因不同色光由不同折射率造成的色散，而使不同的色光有不同的传播光路，从而呈现出因不同色光的光路差别而引起的像差，称之为色像差（简称色差）。

（9）眩光　指视野中由于不适宜亮度分布，或在空间或时间上存在极端的亮度对比，以至引起视觉不舒适和降低物体可见度的视觉条件。

（10）显色性　指不同光谱的光源照射在同一颜色的物体上时，所呈现不同颜色的特性。通常用显色指数（Ra）来表示光源的显色性。

二、常见灯具的基本结构

根据定义，灯具一般包含三大系统：机械系统、电气系统、光学系统。

机械系统具有固定、保护、支撑、安全的作用。

电气系统具有供电、维持、绝缘、控制的作用。

光学系统具有防眩、配光的作用。

在实际生产中，又将灯具分为灯具主体、灯具安装零件包、包装材料三大部分，各部分又分别由各种零配件组成，最终形成树状组织结构。

一般来说，灯具由灯具主体、反射器、灯罩、电器附件（镇流器、灯座、后动器、触发器等）和灯具配件等组成。

三、灯具的日常使用和维护

常见灯具多种多样，日常使用和维护也不尽相同。灯具的使用与维护应严格按照说明书进行，尽量避免人为造成的损坏。在安装及维护的时候，一定要断开电源，并由专业人员完成，避免发生危险。

（1）日常使用避免频繁启动。每种灯具具有相应的使用寿命，每次启动，灯管的灯丝会受到高压冲击，启动时的电流是正常电流的2~3倍，因此加快了灯丝上电子发射物质的消耗，灯管的寿命也会受到影响。

（2）日常使用应在正常工作电压内。电压过高时，电流加大，加速了灯丝的损耗，缩短了灯管的寿命。电压过低，灯丝的预热温度也会降低，会造成启动困难，频繁闪亮会加大灯丝的损耗。

（3）日常使用灯管与镇流器要配套，否则会造成电流不正常，加速灯管的老化。

在日常的使用中，还要注意对灯具进行定期的检查、维护、保养，对此，应该掌握正确的维护保养方法，才能更好地体验灯具产品。注意应由专业人员来完成。

（1）应仔细阅读安装使用说明书，认真查看灯具标识，按要求安装使用。

（2）使用过程中，根据标志提供的光源参数及时更换，当灯管发生频闪或出现黑影时，应该及时更换，防止镇流器烧坏等安全事故的发生。

（3）定时清洁灯具。在对灯具进行清洁时，注意不要更改灯具的结构，更不要随意更换灯具的零部件，在清洁保养结束后，按原样装好，不漏装，不错装。

（4）如果光源损坏，要根据参数要求进行更换，维护人员在作业时要严格按照使用说明书操作或者联系厂家进行咨询，不要随意更换，以免造成损坏。

（5）凡是接地的灯具必须经常检查接地情况。

（6）灯具的金属部分不能随意使用擦亮粉。

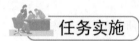

（7）灯具上的灰尘宜用干布或者掸子清扫。

 任务实施

1. 准备多种灯具照片、灯具模型、干电池、开关、导线、保护器等。

2. 学生按 2~3 人分成工作小组，布置工作任务。

（1）观察灯具照片及模型，进行分类。

（2）比较不同灯具的结构，进行简单分析。

（3）阅读灯具参数及使用说明书，进行讨论。

3. 配合实训步骤，进行相关知识学习。

（1）观察灯具模型，参照说明书，进行电路板模拟连接安装。

（2）熟悉主要维护方法，进行基本维护。

（3）测试展板连接效果，学习观察常见故障。

4. 学习总结与讨论。

5. 知识拓展与开放性作业。

同步测试

一、 选择题

1. 擦拭灯具时，最安全的是用（　　　）。

A. 干布或掸子　　　　　　　　B. 湿布

C. 抽纸　　　　　　　　　　　D. 报纸

2. 清洁灯具时，可随意更换零部件。（　　　）

A. 错　　　　　　　B. 对

3. 下列哪些操作，不适宜保养维护灯具？（　　　）

A. 不切断电源　　　　　　　　B. 定期检查

C. 按使用说明书进行　　　　　D. 根据参数

4. 下列哪些是灯具的基本参数？（　　　）

A. 额定电压　　　　　　　　　B. 色温

C. 功率　　　　　　　　　　　D. 电流表

5. 以下哪项不是电气系统的作用？（　　　）

A. 控制　　　　　　　　　　　B. 非绝缘

C. 供电　　　　　　　　　　　D. 维持

二、 简答题

简述灯具的日常使用和维护。

 项目评价

序号	任务	分值	评分标准	组评	师评	得分
1	照明器具的分类	30	1. 了解照明器具的分类依据 2. 根据分类依据，进行准确分类 3. 比较不同照明器具的结构			
2	熟知照明器具的基本参数	30	1. 阅读照明器具说明书 2. 了解各项参数的意义 3. 根据不同参数选择合适的照明器具			
3	掌握日常的使用维护方法	30	1. 观察常见故障 2. 能进行基本的维护			
4	小组总结	10	分组讨论，总结项目学习心得体会			
指导教师：				得分：		

答案

项目四 清洁器具的使用与维护

清洁器具的使用与维护

【项目介绍】

　　现代家庭对于个人清洁问题尤为重视，良好的卫生清洁可以使人保持身体健康，远离疾病，还可以阻断一些传染病的传播，干净整洁的个人卫生更能够很好地展示自己的良好社会职业形象。本项目重点介绍现代家庭常用的清洁电器，通过对于常用清洁电器基本知识的讲解，介绍清洁器具的使用与维护方法，便于更加有效安全地使用清洁器具。

【知识目标】

　　1. 了解常用家用清洁电器的功能。

　　2. 理解常用家用清洁电器的结构组成。

　　3. 掌握常用家用清洁电器的主要工作参数。

　　4. 熟悉常用家用清洁电器的工作原理。

　　5. 了解常用家用清洁电器故障现象及产生原因。

【技能目标】

　　1. 掌握常用家用清洁电器的使用方法。

　　2. 会通过阅读电器说明书了解电气元件参数。

　　3. 会根据使用情况选择使用不同家用清洁电器。

　　4. 能够根据家用清洁电器使用情况，简单维护、保养家用清洁电器。

　　5. 能简单判断常见家用清洁电器的故障原因。

【素质目标】

　　1. 培养善于观察、乐于动手的良好习惯。

　　2. 培养互相信任、互助协作的团队意识。

　　3. 培养勤于思考、严守规范的科学精神。

案例引入

　　小李是一家大型企业的职业经理，因工作需要需与生意伙伴进行商务洽谈。为了给客户留下一个良好的个人印象，小李决定对自己的个人清洁及着装进行一番打理。他在会谈前清洁身体以消除异味，刮胡须以保持面部整洁，调整发型以保持良好的精神面貌，并对当日所穿衣物进行熨烫以消除衣物的褶皱，经过精心准备，当日小李以非常精神干练的形象出席了这次商务洽谈，双方当日洽谈非常顺利，对方也对小李的职业素养和良好的个人形象给予了较高的评价。小李在个人形象维护过程中使用了哪些家用清洁电器？这些常用家用清洁电器分别具备哪些功能？在使用过程中应当采取哪些正确的操作方法？

任务一
电动剃须刀的使用与维护

任务描述

　　电动剃须刀作为现代男性日常必备的清洁器具，对于男性形象维护起到至关重要的作用。日常生活中，我们见过各种各样的电动剃须刀，每种电动剃须刀的结构和功能各不相同，为了便于大家了解电动剃须刀的工作原理，更好地使用和维护电动剃须刀，本任务将重点讲解电动剃须刀的相关知识及使用方法。

 任务分析

　　观察电动剃须刀的基本组成形式以及各元器件的功能，从简单的电动剃须刀使用方法入手，通过观察电动剃须刀的工作过程，结合理论知识的讲解，从而了解电动剃须刀的相关知识内容。

 相关知识

　　电动剃须刀是一种利用电力带动刀片，剃剪胡须和鬓发的整容器具。1930年其在美国问世，几十年来不断改进完善。相比于传统的刀片式剃须刀，电动剃须刀的使用过程更加简单便捷，使用前不需要涂抹剃须膏，可随时随地进行清洁，不受时间地点限制，体积小巧、结构简单、方便携带，特别适合那些经常出差的男士朋友，还能避免划伤危害。市面上剃须刀的功能非常全面，有修理鬓角、胡须、剃头发等多种功能。随着人民生活水平的提高，电动剃须刀的普及程度也随之提高，已经成为男人的必备个人清洁用品。电动剃须刀主要由外壳（包括电池盒）、电动机、网罩（外刀片、固定刃）、内刀片（可动刃）和内刀架组成（图4.1）。外壳多用塑料制作；网罩是固定刀刃的，采用不锈钢制成；内刀片用碳素钢制成。

图4.1　电动剃须刀组件（头部）

电动剃须刀的工作原理实质上是剪切原理，内刀片紧贴网罩内表面，胡须和毛发从网罩外面伸入其孔槽内，内刀片高速旋转或往复动作，网罩则静止不动，二者配合将伸入的胡须和毛发剪切掉。

一、电动剃须刀分类

电动剃须刀主要用于男子剃修胡须、鬓角，也可用于女子修整发角、汗毛。电动剃须刀的种类很多，主要可分为下列几种类型：

（1）按剃须刀外形分　有直筒式剃须刀、弯头式剃须刀、卧式剃须刀和双头式剃须刀。

（2）按外刀片的形式分　有圆形网式、圆形狭缝式、长方形网式、长方形狭缝式等。

（3）按刀片运动形式分　有旋转式和往复式（振动式）。

（4）按驱动形式分　有电动机驱动式和电磁振动式。

（5）按刀头数目分　可分为单刀头、双刀头和三刀头。

（6）按供电方式分　有交流式、干电池式、充电式、交流与干电池两用式等。

二、基本结构与工作原理

（一）基本结构

电动剃须刀主要由外刀片（俗称网罩）、内刀片、电动机、开关、壳体等构成。旋转式电动剃须刀的结构如图4.2所示，该图所示为卧式，即外刀片、内刀片、电动机与干电池成垂直安装。如为立式，则外刀片、内刀片、电动机与干电池安装在一条轴线上。往复式电动剃须刀的结构如图4.3所示。

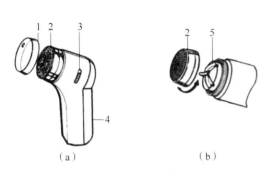

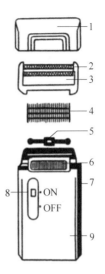

图 4.2　旋转式电动剃须刀的结构
（a）总体图；（b）拆下外刀片图
1—保护罩（保护外刀片）；2—外刀片；
3—开关；4—干电池盒；5—内刀片

图 4.3　往复式电动剃须刀的结构
1—保护罩；2—网罩（外刀片）；3—网罩架；
4—内刀片；5—内刀架；6—侧轧剪；
7—轧剪按钮；8—开关；9—壳体

1. 外刀片

外刀片的外形像金属网，所以俗称网罩，它的精密程度直接影响电动剃须刀的锋利度、剃须效果与使用寿命，多用不锈钢制成，有的表面还镀钛。

旋转式电动剃须刀的外刀片为圆形，往复式电动剃须刀的外刀片为槽形，其厚度只有旋转式外刀片的 1/2，为 47~57 μm，柔韧性好，与内刀片的密合度高，剃须效果好，而且寿命长。

2. 内刀片

又称动刀片，是形成剃须运动的零件。旋转式电动剃须刀的内刀架通常装有三片内刀片，也有四片或六片的，直接由电动机带动旋转。往复式电动剃须刀的内刀片通常为 32 片左右，安装在内刀架（又称刀盘）上。内刀片刃口与外刀片保持接触，电动机通过机械偏心杠杆机构带动内刀片支架往复运动。

3. 电动机

采用微型永磁式电动机，额定电压一般为 3 V 或 1.5 V，其转速一般为 6 000~8 000 r/min。以电磁铁驱动的电动剃须刀不用电动机，其驱动部分由电磁铁、衔铁与机械传动机构组成。电磁铁接通交流电源后产生交变磁场，交替地吸引、释放衔铁，通过与衔铁连接在一起的机械传动机构，带动刀架高速往复运动。

（二）工作原理

电动剃须刀以剪切动作进行剃须。起剪切作用的是高速旋转运动或高速往复运动的内刀片与固定着的外刀片。外刀片上有很多细小的圆状或沟状孔隙，这些孔隙的边缘就是锋利的刀刃。剃须时，内刀片的刀刃紧贴外刀片（网罩），外刀片紧贴皮肤，内刀片刀刃与皮肤所成的角度约 170°。胡须由外刀片上的网孔伸入，被高速运动的内刀片与外刀片一起作用而剪断。

目前，市场上供应的电动剃须刀，大多是圆形网式外刀的旋转式剃须刀（图4.4）。旋转式剃须刀配备圆形刀头，依靠刀片圆周运动进行扫剃。旋转式剃须刀通常由两到三个刀头组成。像现在流行的三重旋转式刀头，则主打灵活运作形成的贴面效果，以此来弥补因为零部件相对复杂造成的刀网较厚、剃须不够彻底的问题。这种电动剃须刀的外刀刃是孔径0.5~0.6 mm多孔的圆形网罩，内刀刃是用0.07~0.08 mm厚的不锈钢制成，有3~4个刀片安装在刀架上，成为旋转的可动刀刃，由微型直流电动机驱动。旋转式剃须刀运动较温和，由于旋转运动，马达转速受刀头刀网限制，一般在3 000~4 000 r/min。它结构简单，价格便宜，噪声小，剃须效果较好，适合胡须比较稀疏、须质较软的人士。

往复式剃须刀的刀头则呈长条状，依靠刀片高速的左右摆动切割胡须（图4.5）。现在流行的往复式剃须刀，通常由3~5个刀头组成。而因为其刀头组合更多，刀件极为精密，往往配备由六边形或其他多边形网孔组成的毫米级的刀网。薄的刀网使得往复式剃须刀能够更贴近胡须底部进行彻底切割，不留胡茬，剃须更干净。往复式剃须刀由于左右摆动，受刀网限制小，转速（往复次数）通常比较高，一般在7 000~15 000 r/min，有的甚至高达40 000 r/min。因此往复式剃须刀的大马力使其剃须效率更高，耗时更短。不过，往复式剃须刀的震动会比较大，噪声也相对大一些。往复式电动剃须刀特别适用于胡须浓密者，但使用时有振动，噪声较大。

普通的单用式电动剃须刀仅用于剪切胡须，另有一种兼用式电动剃须刀，它装有两种刀具，除能剃胡须外，还具有修剪器（图4.6）。可以用它推剪鬓角和发角，具有一机两用的优点。其由两部分组成：一部分是旋转式剃刀，供剃削短胡须用；另一部分是修剪器，用于剪削较长的胡须和鬓发。利用转换扳手使离合器脱离旋转式剃刀而与修剪器啮合，通过离合器的偏心轴把电动机的旋转运动变为往复运动，带动修剪器动作。

图4.4　旋转式剃须刀

图4.5　往复式剃须刀

图4.6　带修剪器的剃须刀

三、电动剃须刀的选购

选购电动剃须刀应根据自己的使用特点，选择适当的产品和电源形式，并兼顾产品的外形、色彩等。具体挑选时应注意下列几点：

1. 外型

外型、色彩的选择以自己喜爱为标准。电动剃须刀有多种型号，旋转式剃须刀是普通的，其价格比往复式、浮动式便宜。旋转式剃须刀又有干电池式和充电式，干电池式比充电式便宜。对于经济条件比较好的家庭，可选用中高档的往复式、浮动式剃须刀。

2. 使用者的胡须情况

胡须不硬密者，选用旋转式剃须刀比较适宜，这种剃须刀使用时噪声小、剃须效果较好。胡须浓密者，可选用往复式电动剃须刀，这种剃须刀剪切锋利，肤感和剃须效果都很好，但使用时噪声较大。也可选用双头式剃须刀（属于旋转式这一类），这种剃须刀由电动机通过联轴器和齿轮，带动两个剃刀旋转，剃刀可随不同脸型和部位而调整剃须角度，剃削面积大、剃须效果好。对经常修剪鬓发者，可选用带修剪器的剃须刀。

3. 配件

选购电动剃须刀还要考虑配件情况。如剃须刀的网罩和刀片是易损件，在购买时就要看一看有没有该型号规格的配件。这一点在购买进口剃须刀时尤其要注意。

经常外出的人或需在无交流电的场合使用的，最好选用干电池式电动剃须刀，比较经济实用。对于不经常外出工作，而且需要频繁使用者，则应优先考虑充电式电动剃须刀或交流与干电池两用式电动剃须刀。

挑选时，电动剃须刀空载运转的声音要小，均匀而且稳定，不应出现轻重波动的声音。内外刀刃的间隙要均匀，各个位置上都不应有卡死和相互摩擦的现象。刀刃要锋利，安全剪切，无拉毛刺现象。剃须刀携带使用要方便，并且易于清洁。

四、使用注意事项

（1）使用剃须刀剃剪胡须前，不要用热毛巾热敷胡须部位，也不要在胡须部位涂抹肥皂，以免胡须变软，影响剃须效果。

（2）不能使胡须过长再剃，过长的胡须比较软，不易伸入网罩的小孔中。胡须过长时，可先用剪子将胡须剪短后，再用剃须刀，这样剃须效果好。一般以 1~2 天剃一次比较好。

（3）当发现电动剃须刀转速变慢时，要及时更换干电池，以免影响剃须效果。

（4）每次使用后，应及时清除护罩和刀片上的须屑，否则会影响剃须刀的工作。清洁剃须刀时，应关闭电源，再用软刷刷去须屑。每隔一段时间后，要进行一次清洁。一般可用棉花球蘸上少许酒精轻轻擦拭，然后在电机轴上滴几滴轻机油，以利润滑。因剃须刀刀刃极薄，加工又十分精细，所以，清理时切忌用手挤压内外刀刃，更不可用刀片或坚硬物件刮削，以免剃须刀折裂、松动。不能用手强力挤压，以免变形、损坏。

 **任务实施**

1. 准备旋转式电动剃须刀、往复式电动剃须刀、基本拆装工具等实训器材。

2. 学生按 5~8 人分成工作小组，布置工作任务。

（1）阅读两种电动剃须刀的说明书，了解电器的基本参数。

（2）观察两种电动剃须刀的不同结构组成，分析两种剃须刀的工作过程，并组内讨论其结构原理的差异性。

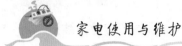

（3）教师拆解电动剃须刀，指导学生仔细观察内部零件。

3. 配合实训步骤，进行相关知识学习。

（1）观察电动剃须刀结构组成及工作原理。

（2）阅读说明书并讨论，学习电动剃须刀的使用方法。

（3）操作使用电动剃须刀，掌握电动剃须刀的使用与维护方法。

（4）拆解电动剃须刀，学习电器中的主要元件。

4. 学习总结与讨论。

 同步测试

选择题

1. 电动剃须刀的工作原理实质上是（　　）原理。

A. 剪切　　　　　　B. 拉拔　　　　　　C. 旋转　　　　　　D. 震动

2. 电动剃须刀是依靠（　　）的旋转或者往复运动实现剃须功能。

A. 网罩　　　　　　B. 内刀片　　　　　C. 电动机　　　　　D. 内刀架

3. 胡须比较稀疏、须质较软的人士适用（　　）剃须刀。

A. 旋转式　　　　　B. 往复式　　　　　C. 卧式　　　　　　D. 干电池式

任务二

电吹风的使用与维护

 任务描述

　　电吹风可以说是相当神奇的，它可以在几分钟之内就让你的头发彻底变干。尤其在冬天，还可以带来温暖的感觉，多数女性一年四季都离不了它，少数男士也对它宠爱有加。为了便于大家了解电吹风的工作原理，更好地使用电吹风保养秀发，本任务将重点讲解电吹风的相关知识及使用方法。

 任务分析

　　观察电吹风的基本组成形式以及各元器件的功能，从简单的电吹风使用方法入手，通过观察电吹风的工作过程，结合理论知识的讲解，从而了解电吹风的相关知识。

 相关知识

　　说到电吹风大家并不陌生。电吹风也叫干发器、吹风机，主要用于头发的干燥和整形，也可供实验室、理疗室及工业生产、美工等方面作局部干燥、加热和理疗之用。

一、电吹风的结构

电吹风虽然在形式、款式和大小上有很大差别，但它们的内在结构大体相同，主要由壳体、手柄、电动机、风叶、电热元件、挡风板、开关、电源线等组成。

1. 壳体

它对内部机件起保护作用，又是外部装饰件。常见的外壳材料有金属型和塑料型。

2. 电动机和风叶

电动机装在壳体内，风叶装在电动机的轴端上。电动机旋转的时候，由进风口吸入空气，由出风口吹出风（图4.7）。

3. 电热元件

电吹风的电热元件是用电热丝绕制而成，装在电吹风的出风口处，电动机排出的风在出风口被电热丝加热，变成热风送出（图4.8）。有的电吹风在电热元件附近装上恒温器，温度超过预定温度的时候切断电路，起保护作用。

图4.7　电动机和风叶

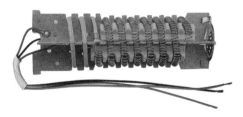

图4.8　电热元件

4. 开关

电吹风开关一般有"热风""冷风""停"三挡，有的电吹风的电热元件由二段或者三段电热丝组成，用来调节温度，由选择开关控制。

二、吹风机的分类

1. 按所使用的电动机类型来分

有罩极式单相异步电动机、单相串励式电动机和永磁式直流电动机（图4.9）。

（1）罩极式单相异步电动机　　罩极式单相异步电动机也称感应式电动机，其定子为凸极式，转子为笼形。其优点是运行噪声低、维修方便；缺点是转速低（最高转速只有2 800 r/min左右），所以使用罩极式单相异步电动机的电吹风风速较低，且体积与重量均较大。

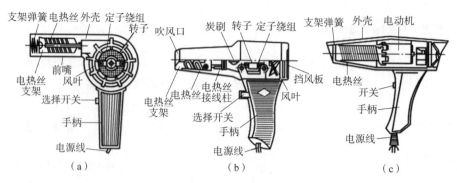

图 4.9　电吹风结构图

(a) 罩极式单相异步电动机；(b) 单相串励式电动机；(c) 永磁式直流电动机

（2）**单相串励式电动机**　单相串励式电动机可以使用交、直流两种电源，但一般使用交流电源。采用串励式电动机的电吹风风量大、风速高，但运行噪声大，且换向器会造成较强的无线电干扰。一般认为，串励式电动机的特性介于罩极式和永磁式之间。

（3）**永磁式直流电动机**　因为电吹风使用交流电源比较方便，所以在电吹风内要有降压整流装置。永磁式直流电动机的功率为 400～600 W，特点是转速高（可达 18 000～20 000 r/min），风量大，体积和重量都较小，结构较复杂。

2. 按送风方式来分

有离心式电吹风和轴流式电吹风。离心式电吹风靠电动机带动风叶旋转，使进入电吹风的空气获得惯性离心力，不断向外排风。它的缺点是排出的风没有全部流经电动机，电动机升温较高；优点是噪声较低。轴流式电动机带动风叶旋转，推动进入电吹风的空气作轴向流动，不断地向外排风。

3. 按外壳所用材料来分

有金属型电吹风和塑料型电吹风。金属型电吹风坚固耐用，可以承受较高的温度。塑料型电吹风重量轻，绝缘性能好，但是容易老化，而且耐高温性能差。

三、电吹风工作原理

接通电源后，电吹风内的电动机带动风叶旋转，将空气从进风口吸入，从进风口吸入的空气经过电热元件，由开关控制，经过电热元件加热，热风从出风口吹出。

一般通过电热元件的通、断来控制送风的温度：当电热元件全部通电发热时，送出热风；当电热元件全部断电时，送出冷风；当电热元件一部分通电发热时，则送出不同温度的风。也有的电吹风机壳后部装有圆形挡板，通过调节圆形挡板开启的角度，调节进入电吹风机的空气量，进入空气量小时则送风温度较高，进入空气量大时则送风温度较低。也有的电吹风通过调节所加的电源电压来调节送风的温度与送风量。

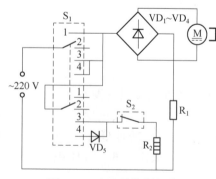

图 4.10　电吹风控制电路

图 4.10 为使用永磁式直流电动机的电吹风控制电路。S_1 为双刀选择开关，1、2、3、4 分别为冷风、

停、热风、温风挡。

当 S_1 置 "1" 时，只接通电动机不接通电热丝 R_2，电吹风吹出来的是冷风；当置于 "2" 时，电动机断电停止运转；当置 "3" 时，电动机与 R_2 同时通电，电吹风吹出来的是热风；当置 "4" 时，电动机通电运转，而 R_2 由二极管 VD_5 半波整流供电，此时吹出来的是温风。

S_2 为限温保护开关，R_1 为降压电阻。若 R_1 为可调电阻，则可以调节电动机的转速，即调节电吹风的风量。

电热丝 R_2 通常采用扁形或圆形的镍铬电热丝，绕制在瓷质支架或云母片构成的支架上，装于出风口附近。电热元件形如圆锥体或塔，以使风可以吹到每一层电热丝上，均匀地带走所产生的热量。这样不仅提高了热效率，而且延长了电热丝的寿命。近年来，电热元件也有采用 PTC 元件的，PTC 元件由钛酸钡半导体陶瓷制成，以蜂窝形居多。

四、电吹风的选择、使用与保养

1. 电吹风的形式选择

（1）头发较厚、较密的人，要求风量大，应尽量选购串励式或永磁式电吹风。

（2）要求噪声低应选购感应式电吹风。

（3）经常出差在外使用，应选体积小、重量轻、使用安全的塑壳永磁式电吹风。

（4）还有一种电子控制调温调速电吹风，它是应用双向晶闸管控制的调压线路，其功率可达 1 000 W。这种电吹风适用于理发中要求高低温不同的吹干和定型。

2. 电吹风的使用

（1）电吹风的额定电压必须和电源电压相符。

（2）对长期搁置不用的电吹风应检验外壳是否漏电。

（3）千万不要弄湿电吹风。

（4）务必在电吹风插头插入电源插座后，才开启开关。

（5）不要让电吹风正对着易燃物品吹热风，以防失火。

（6）不要在过分潮湿的场所使用电吹风。

（7）用电吹风吹干湿头发时，应使出风口距离头发 5 cm 以上，应注意由远及近靠近头发，且一边移动一边吹，千万不可直吹不动，以免烫伤。

（8）使用完毕，应关闭电源开关，再拔去电源插头。

3. 电吹风的保养

（1）应保持转轴与轴承之间润滑良好，每季度应滴加几滴机油。

（2）对于有电刷的电动机，加油时不能让机油沾到碳刷和换向器上。

（3）应让进风口保持通畅，不能封死。

（4）半年左右应清洗一次。

拓展知识

为获得理想的美发效果，使用电吹风应注意什么？

1. 最好的方法是自然风干

头发洗干净后，任其自然风干，不宜用电吹风吹干，以免头发弹性减弱，产生断发现象。

很多人在洗完头发后都会立即用电吹风将其吹干，而湿发的毛鳞片是张开的，也是最脆弱的。此时，一旦电吹风使用不当就会将头发中的水分也吹走，如果头发中所含的水分降低到10%以下，发丝就会变得粗糙、分叉、不易打理，且容易出现断发，经常使用电吹风的结果便是如此。所以对于湿发的处理，最好的方法是自然风干。

2. 正确使用电吹风

其实，简单地说使用电吹风是对头发有害的，未免过于笼统。专业的发型师认为，洗完头发后可以用电吹风吹干，但要注意方法、角度和程度。

正确的做法是用吸水性较好的棉质毛巾将头发包裹起来，充分吸掉头发的水滴，当头发不再滴水时，高举吹风机，手举过头垂直吹干头发，要不断地移动风筒，并注意与头发的距离保持在20~30 cm，头发吹至7~8成干即可。这样，电吹风对头发的伤害就会大大降低了。

另外，在使用电吹风之前，要使用宽齿梳把纠结的发丝梳理整齐，要"从上往下"顺向梳开（从发根向发尾），同时要特别注意吹风的方向也应该是由上往下，这样头发才会有光泽。

 任务实施

1. 准备电吹风、基本拆装工具等实训器材。
2. 学生按5~8人分成工作小组，布置工作任务。
（1）阅读电吹风的说明书，了解电器的基本参数。
（2）观察电吹风的结构组成，分析电吹风的工作过程，并组内讨论其结构及工作原理。
（3）教师拆解电吹风，指导学生仔细观察内部零件。
3. 配合实训步骤，进行相关知识学习。
（1）观察电吹风结构组成及工作原理。
（2）阅读说明书并讨论，学习电吹风的使用方法。
（3）操作使用电吹风，掌握电吹风的使用与维护方法。
（4）拆解电吹风，学习电器中的主要元件。
4. 学习总结与讨论。

 同步测试

选择题

1. 当电吹风温度超过预定温度的时候，（　　）切断电路，起保护作用。
A. 电动机　　　　　B. 开关　　　　　C. 电热元件　　　　　D. 恒温器

2. 一般通过（　　）的通、断来控制送风的温度。
A. 开关　　　　　B. 电源　　　　　C. 电动机　　　　　D. 电热元件

3. 以下哪个操作可以使电吹风送出冷风？（　　）
A. 阻挡进风口　　　B. 切断电源　　　C. 电热元件断电　　　D. 送风量减小

任务三
电熨斗的使用与维护

任务描述

　　人们在很早以前就发现纤维织物具有弹性，褶皱、变形后的衣物在热与压力双重作用之下会重新变得平整、挺括、线条分明，据此人们发明了火熨斗。由于火熨斗需要用火炉对其进行加热，因此用起来不太方便。到后来，人们根据电流的热效应原理，在火熨斗的基础上加装了一组电热器件，从而生产出第一代价格低廉、使用方便的电熨斗。电熨斗为人们保持衣物的平整、美观起到重要作用，但是如果没有合理使用电熨斗对衣物进行熨烫，反而会引起衣物的损坏。为了便于大家了解电熨斗的工作原理，更好地使用电熨斗熨烫衣物，本任务将重点讲解电熨斗的相关知识及使用方法。

任务分析

　　观察电熨斗的基本组成形式以及各元器件的功能，从简单的电熨斗使用方法入手，通过观察电熨斗的工作过程，结合理论知识的讲解，从而了解电熨斗的相关知识。

相关知识

　　电熨斗是一种家庭常用的电热器具，主要的作用是利用电热来熨烫衣物，当我们的衣服有了褶皱的时候，电熨斗就派上用场了，它可以帮助我们把衣服烫得平整如新。实际上，电熨斗就是利用电热来烫衣物的一种电器，是电热清洁器具的一种。

　　世界上第一个实用电熨斗在 1882 年由美国人西利发明，它改变了欧洲人自 17 世纪以来用火加热铁板来熨烫衣服的传统。它里面装了一个金属丝，利用金属丝通电后会发热的属性来进行熨烫。20 世纪初期，在美国又发明了蒸汽式熨斗。电熨斗用来熨烫衣物，有升温高、清洁卫生等优点，新型的电熨斗还能自动调温、喷雾。电熨斗的结构简单，制造容易，使用方便，所以发展速度相当快，没过多久便走进了千家万户。

一、电熨斗的结构类型及工作原理

1. 普通型电熨斗

　　普通型电熨斗由底板、电热元件、压板、罩壳、手柄等部分组成（图 4.11）。普通型电熨斗的重量较大，为 2~3 kg。熨斗的温度通过接通和切断电源来控制，不能自动调节，要有一定经验的人才能掌握，否则稍不注意将损坏化纤类衣物。普通型电熨斗结构简单、价格便宜、制造和维修方便，但由于不具备调温功能，已逐渐被淘汰。

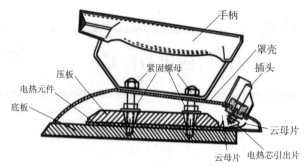

图 4.11 普通型电熨斗结构

2. 调温型电熨斗

在普通型电熨斗的基础上加装双金属控温装置和指示装置，可对温度进行限制和调节。调温范围在 60~250 ℃，能自动切断电源，可以根据不同的衣料采用适合的温度来熨烫，其温度调节核心是一个双金属片，旋动调温旋钮就可改变静触点对动触点的压力，从而改变控制的温度。

3. 自动调温喷雾（气）型

自动调温喷雾（气）型电熨斗分为蒸汽型和喷雾型两种。蒸汽型自动调温电熨斗可从底板喷出蒸汽，使熨烫的衣物容易定形。产生蒸汽有两种方式：锅炉式和闪发式（又称滴水式）。

图 4.12 所示为闪发式，闪发式的水箱单纯作为储水容器，不直接从加热元件接收热量。当需喷气时，按一下喷气按钮，水箱中的水通过阀门流入蒸发室，与炽热底板接触，瞬间蒸发形成蒸汽，并通过自身汽化压力从底板蒸汽口喷出。

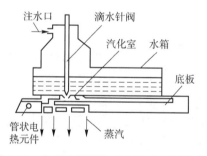

图 4.12 自动调温蒸汽式电熨斗（闪发式）

锅炉式蒸汽电熨斗与普通蒸汽电熨斗的区别在于将水箱换为蒸汽锅炉，加热元件发热使水箱中的水沸腾产生蒸汽，蒸汽锅炉产生蒸汽，通过蒸汽导管进入熨斗底板，由喷汽孔喷出。蒸汽锅炉上有压力控制装置（压力开关或温控器感应控制）、安全阀、电磁阀等部件。

4. 新型电熨斗

PTC 型电熨斗使用钛酸钡系列半导体陶瓷 PTC 元件发热体。这比使用镍铬电热丝做发热体有很多优点。PTC 元件整体发热，本身有自控和发热的双重作用，故能自动定温发热，不必另加温度调节装置，安全可靠，即使棉麻织物覆盖在上面，短时间也不会燃烧。工作温度受电源电压波动的影响极小，当电源电压波动 50% 时，电熨斗的工作温度仅波动 2%。其能随环境温度调节功率，从而节约电能。

二、电熨斗的安全使用

（1）电源线应采用橡胶绝缘护套线，不可采用胶质线，否则使用电熨斗时容易被底板烫伤。

（2）熨衣时，要留意电源线的位置，防止不慎把电熨斗拉倒摔坏和伤人。

（3）不可用手或身体触碰电熨斗的外壳，以免烫伤。

（4）熨衣过程中若发现有故障，要先拔掉电源插头，待电熨斗冷却后再拆开检修。

（5）电熨斗接通电源后，要竖放于隔热物体上，切勿放在桌子、织物、纸张等易燃物体上，以免被烧焦或引起火灾。

（6）电熨斗用毕要等到完全冷却后再擦净表面，存放在干燥处，防止受潮而损害绝缘和锈蚀金属件。

（7）电熨斗存放要平稳，不要放在高处，以免摔坏或伤人。

（8）存放时，电源线应轻绕在手柄上，不要过分弯曲，以免断线。

（9）电熨斗用毕或停电时，应立即拔掉电源插头。在使用中人不可半途离去，以免发生火灾。

（10）对于没有调温装置的普通型电熨斗，由于温度全凭使用者的经验控制，稍有疏忽就会出现过热，不但会损坏织物，还会使手柄和其他绝缘件损坏，使用时更应小心。不同织物适宜的熨烫温度见表 4.1。

表 4.1 不同织物适宜的熨烫温度

织物类别	熨烫温度/℃	织物类别	熨烫温度/℃
棉织品	190~210	黏胶	120~160
棉纤纶	100~110	丙纶	90~100
羊毛	160~190	麻布	210~230
涤纶	150~160	腈纶	140~150
富纤	120~160	氯纶	130~140
维纶	120~130	丝绸	130~160

（11）蒸汽型电熨斗使用过程中，为避免产生水垢，应尽量灌注纯净水。要等到水温达到所调的温度后再开始熨烫，否则水会从底板漏出。每次使用完毕应将水箱清洗干净。

（12）已经产生水垢的蒸汽型电熨斗，可用少量醋或者除垢器兑水注入熨头，然后用强力蒸汽喷放方式喷射蒸汽，去除水垢。

拓展知识

电热器具的温度调节装置

在家用电热器具中使用较为广泛的温度调节器主要有热双金属片式温控器件与磁性温控器件两种。以下着重介绍热双金属片式温控器件。

在常温下将两层面积相同但热膨胀系数相差很大的金属或合金材料贴合为一个牢固的整体后便制成了热双金属片，它的工作原理如图4.13所示。

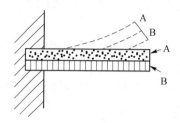

图4.13　热双金属片的工作原理

金属片A的热膨胀系数远小于金属片B，因此，在这两层金属片的温度上升后，金属片B延伸的长度将远大于金属片A延伸的长度。在内应力的作用下，热双金属片将出现如图所示的弯曲现象。

热双金属片弯曲的曲率大小，取决于自身温度的高低、金属材料热膨胀系数的大小以及金属片的长短与厚薄等多方面因素。显然，在双金属片选定之后，温度变化就成了唯一的决定性因素。

如果在受热的热双金属片弯曲变形后的位置安装上电气开关的触点，即制成了热双金属片式温控器件。这样，我们就能够通过温度的变化来对电源的通、断进行控制了。通常，热双金属片式温控器件的控温范围在±5～±10℃之间，精度不算太高。

热双金属片式温控器件在调温型电熨斗的应用实例如图4.14所示。

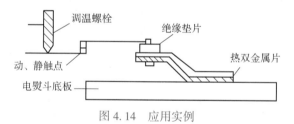

图4.14　应用实例

当电熨斗内部的电热元件通电后，熨斗底板的温度因受热而开始逐渐升高。当温度升高到预先设定的某个恒温值时，热双金属片发生弯曲变形并通过传动机构使动、静触点分离，从而停止了对电热元件的继续供电，此时，电熨斗底板的温度开始逐渐降低。当冷却后的热双金属片恢复原状后，先前暂时分开的动、静触点重新接合，使电热元件恢复供电，开始新的一轮加热。此后，随着温度的上升，热双金属片动作，使电热元件再次断电，如此反复，电熨斗底板的温度便始终在预先设定的恒温值之间上下波动，基本保持了恒定。

另外，这种温控器件还具备恒温值可调的特点。当我们向上旋动图中的调温螺栓时，两个触点之间的压紧程度加剧。这样，只有在较高的温度下热双金属片发生了较大的弯曲变形后产生的内应力才足以使动、静触点分离。反之，当我们向下旋动调温螺栓时，减轻了动、静触点间的压紧程度，这样只需在较低的温度下便可以使动、静触点分开了。

 **任务实施**

1. 准备电熨斗、基本拆装工具等实训器材。

2. 学生按5~8人分成工作小组，布置工作任务。

（1）阅读电熨斗的说明书，了解电器的基本参数。

（2）观察电熨斗的结构组成，分析电熨斗的工作过程，并组内讨论其结构及工作原理。

（3）教师拆解电熨斗，指导学生仔细观察内部零件。

3. 配合实训步骤，进行相关知识学习。

（1）观察电熨斗结构组成及工作原理。

（2）阅读说明书并讨论，学习电熨斗的使用方法。

（3）操作使用电熨斗，掌握电熨斗的使用与维护方法。

（4）拆解电熨斗，学习电器中的主要元件。

4. 学习总结与讨论。

 同步测试

一、填空题

1. 常见的电熨斗有普通型、_____和_____三种。

2. 调温型电熨斗是在普通型电熨斗的基础上加装_____和_____，可对温度进行限制和调节。

3. 蒸汽型自动调温电熨斗产生蒸汽有_____和_____。

二、判断题

1. 普通型电熨斗的温度可以自动调节。　　　　　　　　　　　　　　　（　　）

2. 闪发式蒸汽电熨斗的水箱中加热元件发热使水箱中的水沸腾产生蒸汽。（　　）

3. 蒸汽型电熨斗使用过程中可以使用自来水。　　　　　　　　　　　　（　　）

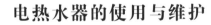 **任务四**

电热水器的使用与维护

任务描述

　　电热水器作为现代家庭必备的一款家用电器，广泛出现在每个家庭中。它用电作为能源对冷水进行加热，供给我们日常饮水或者洗漱使用，但是如果没有合理使用电热水器，反而会引起烫伤、漏电甚至出现生命危险。为了便于大家了解电热水器的工作原理，更好地使用电热水器，本任务将重点讲解电热水器的相关知识及使用方法。

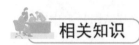 **任务分析**

观察电热水器的基本组成形式以及各元器件的功能，从简单的电热水器使用方法入手，通过观察电热水器的工作过程，结合理论知识的讲解，从而了解电热水器的相关知识。

相关知识

电热水器是为人们提供温水、饮用水的电热器具，具有卫生、方便并且加热迅速的特点，因此目前得到了广泛的应用。电热水器的种类很多，按用途，可分为食用和洗用两种，前者需要将水煮开；若按其结构来分，有储水式和流动式（即热式）两种，前者用电热器件把储藏在水箱内的冷水加热到所需要的温度后供人们使用，后者将冷水直接流过电热器件，使水在流动时被加热到所需温度。相比之下，流动式电热水器体积小、效率高、升温快，但功率消耗要比储水式电热水器大。

本任务将分别介绍常见及新颖电热水器的结构特点、基本电路、工作原理和故障检修方法。

一、食用储水式电热水器

食用储水式电热水器具有节省电能、水容量较大等优点，其缺点是加热较慢。

（一）电热水瓶

电热水瓶又称电热气压水瓶，是集电热水壶和气压保温瓶于一体的新型电热器具。电热水瓶的主要用途是烧开水和储存开水，也称为食用储水式电热水器，具有加热迅速、清洁卫生、无污染和安全方便等优点。

1. 电热水瓶的结构

电热水瓶是在普通热水瓶的基础上经过改进，增加了电热器件、温控器件、显示系统、气压出水装置或电动气泵出水装置等控制系统组成的。电热水瓶按瓶体构造可分为单层与双层两种。单层电热水瓶结构简单，电热器件安装在瓶体下部，直接浸泡在水中，发热效率比较高，但单层结构的散热损失大，瓶底不易清洗。双层结构的电热水瓶比单层多一层外壳，电热器件围绕在内胆下部外侧，夹层中空气起保温作用。水容量在 1.8～2.5 L 之间的电热水瓶，按照出水方式来分，有倾倒出水方式、手动气压出水方式和电动气压出水方式。图 4.15 所示为手动气压电热水瓶和电动气压电热水瓶的结构示意图。当旋动电动气压电热水瓶放水旋钮时，电动泵启动，使热水经泵体从出水管流出。手动气压电热水瓶则可直接按下压盖，加压使水流出。

2. 电热水瓶种类

常见电热水瓶种类及特点见表 4.2。

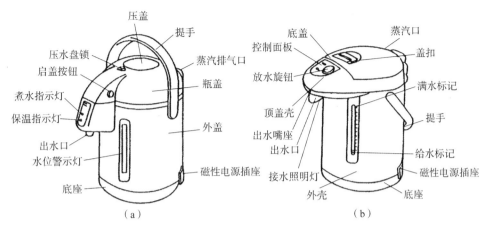

图 4.15 电热水瓶结构示意图

（a）手动气压电热水瓶；（b）电动气压电热水瓶

表 4.2 常见电热水瓶种类及特点

分类方式	种类	优点	不足
结构形式	单层控温式	结构简单，电热器件安装在瓶体下部，一般直接浸泡在水中，发热效率比较高	散热损失大，瓶底不易清洗，目前采用单层结构的不多
	双层控温式	电热器件围绕在内胆下部外侧，夹层中的空气起保温作用	比单层多一层外壳，结构复杂，成本高
	带气压吸水装置式	使用方便省力	成本高，气压装置容易损坏
	带储水装置式	容量大	体积较大
出水方式	手动式	手动直接按下压盖等装置，加压使开水直接流出	使用费力
	电动式	启动电动气压放水旋钮，电动泵启动后，使热水经泵体从出水管流出	电路复杂，故障率相对较高
控温方式	可调式	温度可选择	成本高
	不可调式	结构简单	功能少
功能	带重煮功能式	可长时间加热，且保温时间长	水重复加热对健康不利
	无重煮功能式	电路简单	及时饮用，保温时间短
内胆容量	小型	功率较小，一般采用单层或双层控温式结构，容量在 0.5~2 L	容量小
	中大型	功率大，多带有气压或储水装置，家用型容量多在 2~5 L，部分供集中使用的大型电热开水器容量可达 50 L 以上	容量大，散热量大，功耗大

73

3. 电热水瓶的主要部件

外壳：一般由两块马口铁弯成半圆形，再经扣铆围成圆筒形，表面喷防锈漆。

内胆：由薄不锈钢板制成，端口处有两个三角形的漏水标记，底部开有小孔与出水管连接，温控器一般也安装在内胆底部。

电热器：由主加热器和保温加热器构成的片状发热圈，安装在内胆下部，并紧贴内胆外表面，其结构如图 4.16 所示。

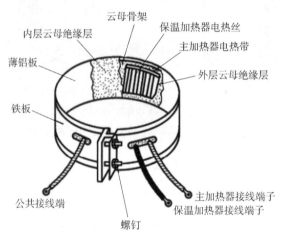

图 4.16　电热器的结构示意图

电动出水装置：采用电磁泵气压式，由电磁泵、出水管和出水嘴构成。翻下瓶盖时，密封胶垫与内胆接触，内胆形成密封腔体。按下压盖，活塞的压杆触及微动开关，电磁泵工作产生气压，水在压力作用下经出水管从出水嘴流出。

水位显示装置：安装在内胆和外壳之间，由水位尺和连通管等构成。

磁力插头：电热水瓶的电源插座很有特色，是一种磁性插座、插头结构。当电源线插头插入外壳底部的磁性插座时，借助磁钢吸力，使插头和插座牢固接触。在电源线受到外力拉扯时，插头会自动脱离插座，可避免将开水瓶拉倒。

4. 电气工作原理

图 4.17 所示为典型电热水瓶电路图，烧水时主加热器功率为 640 W，保温时保温加热器功率为 30 W。

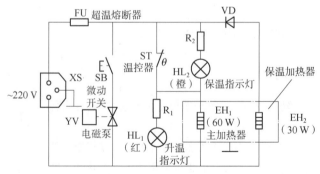

图 4.17　典型电热水瓶电路图

220 V 电源接通后，HL₁ 升温指示灯亮，主加热器 EH₁ 通电加热。达到预定的温度后，温控器触点断开，切断主加热器电源，转入保温状态，HL₂ 保温指示灯亮。电源经整流二极管 VD 半波整流后，向保温加热器 EH₂ 通入脉动直流电，将水温保持在 95 ℃ 左右。饮用开水时，按下微动开关 SB，电磁泵 YV 启动，水受压力作用后由出水嘴流出。温控器为快动式，触点断开温度为 95 ℃，触点复位温度为 55 ℃ 左右。

（二）饮水机

1. 基本结构

饮水机是一种新型的饮水电器，集热开水、温开水、红外线消毒等功能于一体，可对饮用水进行加热，注入矿泉水或蒸馏水、纯净水后，接通电源即可获得理想的冷水或 85~95 ℃ 的热水，适合家庭或办公室等场所使用。

饮水机可提供常温水和热水，热水的温度一般为 85~95 ℃。饮水机的结构如图 4.18 所示，主要包括箱体、常温水龙头、热水龙头、接水盘、加热装置等部分。

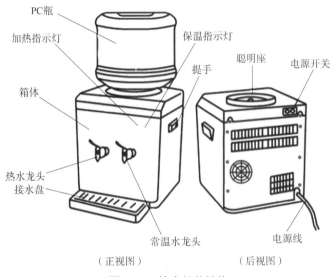

图 4.18　饮水机的结构

加热装置的结构如图 4.19 所示，主要由热罐、电热管、温控器、保温壳等组成。热罐用不锈钢制成，内装功率为 500 W 左右的卧式不锈钢电热管。热罐外壁装有自动复位和手动复位温控器。前保温壳与后保温壳对应，安装时合好即可。加热器一般直接安装在饮水机底板上。

加热过程中，饮水机热罐处于密封状态下，加热产生的水汽碰撞热罐内壁，将发出噪声。温度越高，加热产生的水汽越多，发出的撞击噪声也越大。新型超静音饮水机可以将原来 65 dB 的噪声降到 35 dB 以下（图 4.20）。

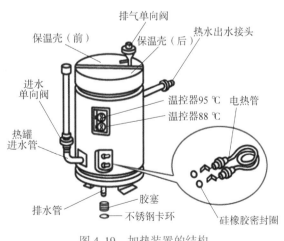

图 4.19　加热装置的结构

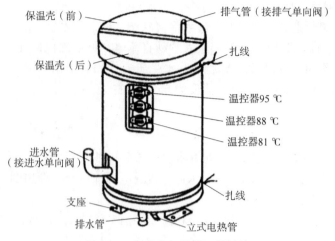

图 4.20　超静音加热装置的结构

超静音温热饮水机组成结构与普通饮水机类似，其中热水罐是由薄不锈钢板制成，内装不锈钢电热管，外壁装有自动复位和手动复位温控器。与一般的温热饮水机相比，其电热管改为立式安装，并安装在热罐底部。另外，三位温控器支架从上至下依次安装 95 ℃手动复位温控器和 88 ℃、81 ℃自动复位温控器。温控器的动作温度是从高温到低温排列的，可使温控器感受电热管的温度而后跳或先跳，起到分级断电的作用，从而达到超静音加热的目的。

2. 工作原理

超静音温热饮水机电路由全功率加热电路、半功率加热电路和加热保温指示电路三部分组成，电路如图 4.21 所示。从超静音温热饮水机的电路图中可以看到，全功率加热电路由超温保险器 FU、按钮开关 SB、自动复位温控器 ST_1 和 ST_2、电热管 EH 以及手动复位温控器 ST_3 等组成。半功率加热电路则由超温保险器 FU、按钮开关 SB、自动复位温控器 ST_1、硅整流二极管 VD_5、电热管 EH 和手动复位温控器 ST_3 等组成。加热指示电路由硅整流二极管 VD_1、发光二极管 VD_2 和限流电阻 R_1 组成。保温指示电路由硅整流二极管 VD_3、发光二极管 VD_4 和限流电阻 R_2 组成。

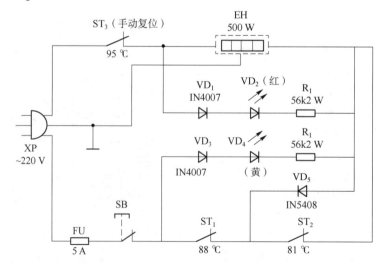

图 4.21　超静音温热饮水机的电路

工作时，接通电源，按下 SB，220 V 交流电经 FU、SB、ST_1、ST_2、EH、ST_3 构成全功率加热回路，红色加热指示灯 VD_2 亮，电热管 EH 以全功率加热，使水升温到第一设定温度 81 ℃ 时，温控器 ST_2 触点断开，切断全功率加热电源。此时，220 V 交流电压经 FU、SB、ST_1、VD_5、EH、ST_3，半功率加热电路被接通，硅整流二极管 VD_5 半波整流输出 99 V 脉动直流电供 EH 继续发热，红色指示灯 VD_2 和黄色指示灯 VD_4 齐亮。当水升温到第二设定温度 88 ℃ 时，温控器 ST_1 触点断开，切断半功率加热电路的电源，红色指示灯 VD_2 自动熄灭，转入保温，黄色保温指示灯 VD_4 亮。当饮水时水箱向热罐补充水量，或断电后水温逐渐下降到第二设定温度时，温控器 ST_1 触点闭合，红灯 VD_2 和黄灯 VD_4 齐亮，电热管 EH 又以半功率加热。然后重复断电升温、半功率加热的过程，使水温保持在 85~95 ℃ 范围内。

电路中 FU、ST_3 为双重保护器件，当饮水机超温或发生短路故障，超温保险器 FU 自动熔断或手动复位温控器 ST_3 自动断开加热回路电源，起到保护作用。超温保险器是一次性热保护器件，不可复位，若出现故障动作后，应待排除故障后，按原型号规格更换新的超温保险器，再用手按手动复位保险器的复位按钮，触点闭合便可重新工作。

（三）食用电热水器使用注意事项

（1）市电插座必须有可靠的接地地线，最好配置漏电保护开关，以确保使用安全。

（2）勿将电热水器放置在靠近燃气炉等热源的地方，也不应放在靠近帘子、垫子或地毯上使用，以免发生意外事故。

（3）电热水器内水位应保持在最低水位以上，严禁无水接通电源使用。

（4）切勿向电热水器内注入水以外的任何饮料如牛奶、咖啡、茶叶等，以免沉积底部或堵塞出水管道。

（5）电热水器应定期清洗，以防结垢影响发热效率或堵塞进、排水管道。

（6）保养时必须将电源插头拔下来，用拧干的湿布擦拭外壳，抹干水分。清洁过程中防止水珠进入各功能按钮而造成损坏或引起漏电。

二、洗用电热水器

洗用电热水器根据水流方式的不同，分为储水式和即热式（快速式）两种类型（表 4.3）。

表 4.3 洗用电热水器种类及特点

分类方式	种类	特点
加热方式	即热式	无水箱，冷水直接流经电热元件表面而被加热。一般在接通电源 15~60 s 后即可源源不断地供应 40~60 ℃ 的热水。由于直接加热流动的水，所以电功率较大（一般大于 3 000 W），也称速热式、流动式
	储水式	有水箱，加热器加热的是水箱中的水。一般通电后需 10~20 min 才能供应热水，电功率较小（一般为 1 000~2 000 W），通常水、电分开，安全性好
电热元件的安装位置	内插式	将电热元件直接安放在水中，即为内插式
	外敷式	电热元件包敷在水箱的外面，则为外敷式。显然，外敷式的热效率劣于内插式
电功率		常见 500 W、700 W、900 W、1 500 W、2 000 W、3 000 W 等多种规格
容积		常见 5 L、10 L、15 L、20 L、30 L、40 L、50 L、100 L、200 L 等多种规格

储水式电热水器的优点是不必分室安装、不会产生有害气体、调温方便。但是储水式电热水器在使用前需要预热，一次使用的量有限。同时，储水式电热水器的体积较大、占用空间较多，不太适合卫生间面积小的家庭使用。

即热式电热水器就是利用电热管、电热棒、玻璃管或塑料管加热，即开即热，无须预热和保温。而在体积上由于没了水箱部分，外形可以设计得小巧精致，比较适合在小空间使用。但是即热式电热水器的额定功率较高，一般需要 5 000 W 以上才能保证使用。家庭中使用较多的是储水式电热水器。

（一）储水式电热水器的结构及主要部件

储水式电热水器的结构如图 4.22 所示，一般包括箱体、电加热器、控制系统及进出水系统。

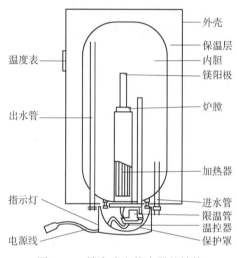

图 4.22 储水式电热水器的结构

1. 箱体

（1）箱体一般由外壳、内胆、镁阳极、保温层、炉膛等构成，起到储水和保温的作用。外壳是电热水器的基本框架，所用材料有塑料、冷轧板和彩板等。一般用优质薄钢板冲制而成，表面喷涂作防锈处理。

（2）内胆是盛水的容器，又是对水加热的场所。内胆的材料有镀锌板、不锈钢板和钢板内搪瓷等几种。由优质钢板涂石英搪瓷制成的内胆，不易结污垢、耐腐蚀、水质好、保温性能好。

（3）镁阳极是一根金属棒，又称阳极镁块，主要用来保护金属内胆不被腐蚀并阻止水垢的形成。镁是一种化学性质比较活泼的金属，易与酸根相结合生成可溶性盐，当水呈酸性时，它会首先与水中的酸根发生作用。水中的酸根与镁作用后生成镁盐，水的酸度也随之降低，保护了内胆的铜或钢铁的镀锌层不被腐蚀破坏。镁棒属于消耗材料，一般每 2 年必须更换一次。

（4）保温层处于外壳与内胆之间，作用是减少热损失，一般采用聚氨酯发泡、玻璃棉、纤维毡或软木等制成，其中以高密度聚氨酯发泡材料充填的保温层保温效果最好。

（5）炉膛用于安装加热器和限温管。

2. 电加热器

储水式电热水器上的电加热器多采用管状结构。为提高热效率，一般采用内插式，直接放在水中加热。形状可根据内胆结构弯成 U 形或其他形状。金属套管常为不锈钢管或钢管。电加热管在通电后，其内部高电阻电热合金丝发热，通过金属管内的绝缘填充材料导热至金属套管，起加热作用。

电加热器使用时间过长，在金属管外表面会结水垢，不仅影响热传递，而且还易产生漏电现象。有些电加热器为陶瓷加热器，陶瓷加热器通过钢板与水隔离，通电后先加热其周围的空气，然后通过钢板对水加热，它是间接加热内胆的水，使水电分离，减少漏电隐患。

3. 控制系统

控制系统主要包括温控器、漏电保护器、防干烧保护器、超温保护装置等器件。

（1）温控器 分为双金属片温控器、蒸汽压力式温控器和电子温控器等。

①蒸汽压力式温控器（又称毛细管式）主要由感温元件、机械机构、触点等组成（图 4.23）。感温元件由感温头、波纹管式感温腔等组成封闭系统，内充感温剂（酒精或煤油）。在加热过程中水温升高，感温剂压强增大，波纹管式感温腔膨胀。在膨胀过程中感温腔有力作用在杠杆上。当温度升高到某一值时，感温腔的压力使杠杆转动，带动触点断开，切断电加热器的电源。停止加热时，水温下降，感温剂压强减小，感温腔回缩，作用在杠杆上的力减小。当温度下降到某一值时，杠杆带动触点闭合，电加热器再次通电加热。如此循环往复，能使水箱中的水保持在设定的温度范围内。

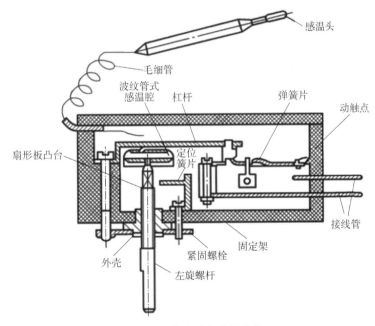

图 4.23 蒸汽压力式温控器

②电子温控器是通过温度传感元件（感温二极管、热敏电阻等）获取温度变化信号，再经电路放大处理后，输出控制信号推动执行系统去控制加热器电路的通断或调节输入功率的大小，从而达到控制水温的目的。

（2）漏电保护器 漏电保护器将 15 mA 作为危险电流，超过这一数值时，漏电保护器

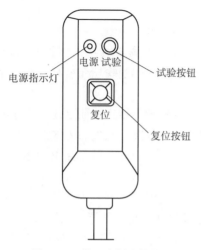

图 4.24 外置式漏电保护器

动作。外置式漏电保护器与电热水器的插头为一体式结构，触点为双路通断控制，面板上设有试验按钮、复位按钮和电源指示灯等（图 4.24）。正常情况下，流过漏电保护器磁环的电流大小相等、方向相反，磁环检测线圈无感应电流信号，电加热器正常工作。当电热水器漏电，且漏电电流超过 15 mA 时，磁环中的电流不平衡，于是磁环检测线圈感应出漏电信号，并输出信号到控制器，由控制器使继电器的触点断开，切断主电路电源。

（3）防干烧保护器 有些电热水器上设有防干烧保护器，它由干簧管热敏开关配合漏电保护器动作。当电热水器处于干烧状态且温度升高到（93±5）℃时，干簧管热敏开关双金属片变形，带动触点断开，使漏电保护器中产生不平衡电流，漏电保护器动作，触点断开，电加热器断电。

（4）超温保护装置 超温保护装置由温度传感器与开关触点组成。温度传感器的测温头和导管由薄铜管制成，内充热膨胀系数稳定的油质液体。导管尾端与一圆柱形空腔金属片连接。当水温超过设定值时，油质液体膨胀挤压圆柱形底部的金属片，使之变形产生一个力矩，带动触点断开，切断主电路，起到超温保护作用。

4. 进出水系统

进出水系统由进水管、出水管、安全阀、淋浴头等组成。

安全阀的作用是防止自来水压力突然增高或加热水温过热，造成内胆压力超过规定耐压值时损坏内胆。如使用过程中内胆压力过高，超过规定的耐压值时，安全阀弹簧被压缩，定位片带动安全阀胶垫一起后移，过高的压力经安全阀排出。

（二）工作原理

图 4.25 所示为储水式电热水器的电路原理。当电热水器内胆注水后，接通电源加热器开始工作。在胆内水温达到所设定的温度时，电热水器即进入保温状态，由温控器控制加热器的工作，使胆内水温基本保持恒定。

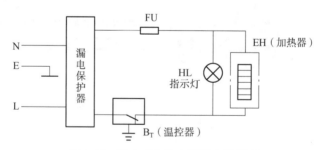

图 4.25 储水式电热水器的电路原理

（三）洗用电热水器使用注意事项

1. 洗用流动式

（1）选择洗用流动式电热水器时应考虑所需供给的热水量和预热的时间、水温等，以确保足够的热水供应。同时还要考虑到电路的负荷能力，若电路中电度表或电源引线容量不足，则不能使用，以免引起事故。

（2）安装电热水器时要依照安装程序进行，以确保安装方面符合安全的要求。使用前注意：必须设置可靠的接地保护装置，最好再装设家用漏电保护器。

（3）使用电热水器时要先通水。在打开进水阀待确实有水流后，再接通电源使用。使用完毕则相反，应先断电而后断水。

（4）电热水器长时间不用时，应拆卸下来存放。

2. 洗用储水式

洗用储水式电热水器在使用时，除应注意洗用流动式电热水器中的（1）、（2）两点外，还需做到以下几个方面：

（1）电热水器所安放的空间平时应尽可能保持通风干燥，以防器件的锈蚀和漏电。

（2）使用时一定要先注满水后才可以通电使用，并且不能在进、出水口两处同时安装阀门。

（3）电热水器每次使用完毕都应拔掉电源插头，长时间不用时还应排空水。

（4）在有冰冻的地区使用电热水器时，还要防止电热水器停用时内部的水结冰，否则会损坏热水器。

任务实施

1. 准备电热水壶、储水式电热水器、基本拆装工具等实训器材。

2. 学生按 5~8 人分成工作小组，布置工作任务。

（1）阅读电热水器的说明书，了解电器的基本参数。

（2）观察电热水器的结构组成，分析电热水器的工作过程，并组内讨论其结构及工作原理。

（3）教师拆解电热水器，指导学生仔细观察内部零件。

3. 配合实训步骤，进行相关知识学习。

（1）观察电热水器结构组成及工作原理。

（2）阅读说明书并讨论，学习电热水器的使用方法。

（3）操作使用电热水器，掌握电热水器的使用与维护方法。

（4）拆解电热水器，学习电器中的主要元件。

4. 学习总结与讨论。

同步测试

一、填空题

1. 电热水瓶是在普通热水瓶的基础上经过改进，增加了＿＿＿＿＿＿、＿＿＿＿＿＿、＿＿＿＿＿＿、气压出水装置或电动气泵出水装置等控制系统组成的。

2. 温热型饮水机的加热装置主要由＿＿＿＿＿＿、＿＿＿＿＿＿、＿＿＿＿＿＿、保温壳等组成。

3. 洗用电热水器根据水流方式的不同，分为＿＿＿＿＿＿和＿＿＿＿＿＿两种类型。

4. 储水式电热水器安全阀的作用是防止自来水压力＿＿＿＿＿＿或加热水温＿＿＿＿＿＿，造成内胆压力超过规定耐压值时损坏内胆。

二、 简答题

1. 储水式电热水器中镁棒有什么作用?

2. 洗用电热水器使用中有哪些注意事项?

 项目评价

序号	任务	分值	评分标准	组评	师评	得分
1	电动剃须刀的使用与维护	20	1. 介绍电动剃须刀的结构组成及工作原理 2. 描述电动剃须刀的使用方法及注意事项 3. 正确操作使用电动剃须刀 4. 掌握电动剃须刀清理方法			
2	电吹风的使用与维护	20	1. 介绍电吹风的结构组成及工作原理 2. 描述电吹风的使用方法及注意事项 3. 正确操作使用电吹风			
3	电熨斗的使用与维护	20	1. 介绍电熨斗的结构组成及工作原理 2. 描述电熨斗的使用方法及注意事项 3. 正确操作使用电熨斗熨烫衣物 4. 掌握电熨斗水垢清理方法			
4	电热水器的使用与维护	20	1. 介绍电热水器的结构组成及工作原理 2. 描述电热水器的使用方法及注意事项 3. 正确操作使用电热水器 4. 测试电热水器漏电保护装置			
5	小组总结	20	分组讨论, 总结项目学习心得体会			

指导教师: 　　　　　　　　　　　　　　　得分:

答案

项目五　厨用器具的使用与维护

储用器具的使用与维护

【项目介绍】

电热器具是家用电器里比较重要和常用的一类，厨房用家电器具在电热器具中又占有较大的比重。本项目着重介绍了常用的几种厨房用具，重点从使用、结构、维护等方面进行。

【知识目标】

1. 掌握自动保温式电饭锅、微电脑控制电饭锅的结构、工作原理。
2. 掌握电烤箱的结构、工作原理。
3. 掌握微波炉的结构、工作原理。
4. 掌握豆浆机的结构、工作原理。

【技能目标】

1. 掌握自动保温式电饭锅、微电脑控制电饭锅的使用维护方法。
2. 掌握电烤箱的使用维护方法。
3. 掌握微波炉的使用维护方法。
4. 掌握豆浆机的使用维护方法。

【素质目标】

1. 培养乐于动手、互助协作的团队意识。
2. 培养勤于思考、严守规范的科学精神。

案例引入

小王的老家在农村，通过自己的努力奋斗终于在城里买房安家了。最近小王夫妻俩刚生了孩子，小王的妈妈自告奋勇从农村老家赶来准备照顾孙子儿媳，但是当进入厨房后面对从未见过的电饭锅、电烤箱、微波炉、豆浆机等时却傻了眼。

如果你是小王，应该怎样教会妈妈使用这些厨房电器呢？

任务一
电饭锅的使用与维护

任务描述

掌握自动保温式电饭锅、微电脑控制电饭锅的结构、工作原理与使用和维护。

 任务分析

学习本任务之前，学生需要掌握基础的电路知识及常用的电气
元件。

电饭锅的实用与维护

 相关知识

电饭锅是家庭中最常见的电炊具之一（图 5.1）。电饭锅的种类很多，按其加热方式的不同，可分为直接式（发热元件发出的热量直接传递给内锅）和间接加热式（将外锅水加热产生蒸汽，再利用蒸汽蒸饭）两种；按其结构形式的不同，可分为整体式（分为单层、双层与三层）和组合式；若按控制方式的不同，可分为自动保温式、定时启动保温式和微电脑控制式。

图 5.1　电饭锅

一、电饭锅的主要技术指标

1. 电气绝缘性能

要求在冷态 1 500 V、热态 1 000 V/50 Hz 交流电情况下，历时 1 min 耐压实验，电饭锅的带电部分与金属壳间不发生击穿，其热态绝缘电阻大于 1 MΩ。

要求在温度（40±2）℃、相对湿度 95%±3% 的恒温恒湿箱内，在不凝露的条件下，48 h 后其潮态绝缘电阻不低于 0.5 MΩ，潮态耐压 1 000 V/min 不发生击穿（泄漏电流小于 1 mA）。接地端至金属壳间的电阻应小于 0.2 Ω。

2．温控准确性

一般要求温度在（103±2）℃时，温控元件使电路断电；而温度降至（65±5）℃时，温控元件起保温作用。

3．热效率

要求在其周围环境温度为（23±5）℃时，电饭锅的热效率一般不低于70%。

4．使用寿命

要求电饭锅在额定电压条件下，其一般使用寿命应当大于1 000 h。

二、自动保温式电饭锅

采用直接加热方式的自动保温式电饭锅使用最多，其工作原理也是其他电饭锅的基础，它的基本结构如图5.2所示。主要组成部件有外壳、内锅、电热板、磁性温控器、双金属片温控器、指示灯、插座等，有的电饭锅还带有蒸锅及量杯等附件。

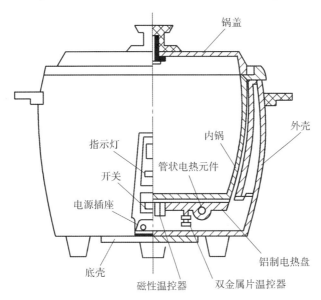

图5.2　自动保温式电饭锅的基本结构

1．外壳

外壳一般用0.6~1.2 mm薄钢板拉伸成型，为了防锈、美化和耐用等要求，外表面常采用静电喷漆、电镀、烧瓷等工艺方法进行处理。外壳除起到装饰保护作用外，还是安装电热板、温控器、内锅的支承机构。

2．内锅

内锅又称内胆。一般用厚度为0.8~1.5 mm的铝板一次拉伸成型，表面经过电化处理，形成氧化铝保护膜。内锅底都呈球面状，以便与电热板紧密接触。

3．电热板

电热板又称电热盘、发热板等，安装在外壳的底部。它一般由管状电热元件浇铸在铝合金中制成。为保证电气绝缘性能，其端部需用材料密封。加热面多呈球面状，以保证与内锅底面紧密吻合，电热板的中央有一圆孔，用于放置磁性温控器，其结构如图5.3所示。

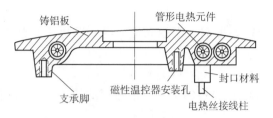

图 5.3　电热板的结构

4. 磁性温控器

磁性温控器又称磁钢限温器，它的作用是当内锅底部温度达到（103±2）℃时，断开电源，其结构与实物如图 5.4 所示。

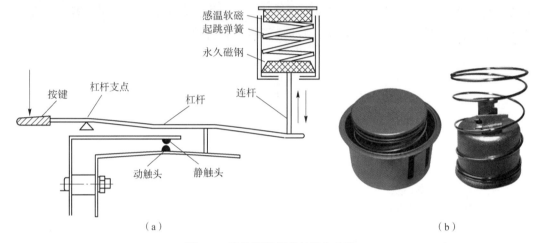

（a）　　　　　　　　　　　　　　　（b）

图 5.4　磁性温控器的结构与实物

5. 双金属片温控器

双金属片温控器一般与磁性温控器并联，电热板的热量通过支架传递给作为感温元件的双金属片，作电饭锅的自动保温控制。饭熟后电热板电源断开，温度低于 70 ℃时，双金属片恢复原状，带动触点闭合，再次接通电源；高于 70 ℃，双金属片变形使触点断开。双金属片温控器实物如图 5.5 所示。

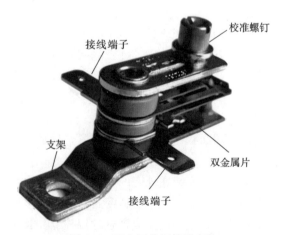

图 5.5　双金属片温控器实物

三、电子自动保温电饭锅

电子自动保温电饭锅主要由锅外盖、内盖、内锅、加热板、锅体加热器、锅盖加热器、磁钢限温器、保温电子控制元件及开关等元器件组成，如图 5.6 所示。

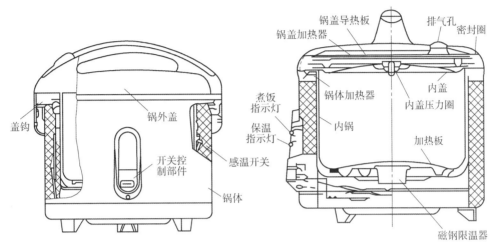

图 5.6 电子自动保温电饭锅结构

内盖压力圈与盖边的密封圈将两层盖子压紧在内锅上，形成具有一定压力的防溢锅盖。当煮饭开锅时，水蒸气泡沫经内盖上设有的 6 个小孔时大部分被小孔挤破，泡沫破裂的米汤溅落在锅盖夹层内，而水蒸气则由盖顶的排气孔冒出，避免了普通电饭锅开锅时米汤易外溢的弊端。电子自动保温电饭锅除在底部设有主加热板外，在锅盖、锅体周围都设有加热器，构成一个立体加热环境。通过电子控温电路的控制，形成一个低功率几乎恒温的系统，使米饭受热均匀。其次，由于其密封性能很好，热量散失少，室温下，饭熟切断限温器后长达 6 h 左右饭温才降至 80 ℃，而普通电饭锅仅 2 h 饭温就会降至 80 ℃。此外，由于具有双层锅盖，蒸发的水蒸气冷凝于盖导热板上面而被内盖所接收，避免水回落而使米饭变味，同时盖导热板上的加热器又能使这些水分再次被蒸发，使锅内保持足够的湿度，米饭可以长时间保温而不至于变硬。

四、微电脑控制式电饭锅

微电脑控制式电饭锅一般配有检测电路与保护电路，有较强的抗干扰能力，能检测器件的故障，且保温性能好、热效率高。与一般电饭锅相比，微电脑控制电饭锅能以最合理的方式加热煮饭，其煮饭过程如下。

（1）大米吸水膨胀过程　这个过程需用文火将米和水加热到 35 ℃ 左右，时间设定为 6~7 min，以利大米充分吸水膨胀，确保蒸煮时米粒受热均匀，此后再缓慢升温到 65 ℃ 左右。

（2）大功率加热蒸煮过程　这个过程中需对已吸足水分的大米进行大功率加热，使其在短时间内升温到 100 ℃，以免出现夹生。控制系统将根据煮饭量的多少提供相应的加热功率。

（3）维持沸腾过程　这个过程是促使米饭中难以消化的 β 淀粉转变成容易消化的 α 淀粉，需要维持 20 min 左右的沸腾时间。此时，控制系统将根据饭量的多少相应增减发热功率，以保证沸腾时间。待米饭熟透，锅底水干后，温度升高到 103 ℃左右时，热电偶将检测到的温度信号送给微处理器，于是微处理器指令双向晶闸管断开，停止加热。

（4）二次加热（补炊过程）　补炊过程是为了除去大米表面的水分，使其表面光泽、香甜可口，即在煮饭加热停止后约 20 s 再次通电加热。此过程的长短随使用者的喜好而定，一般分为"无补炊、淡、中、浓"4 种选择，其加热时间分别为 0 s、100 s、300 s 和 500 s。

（5）焖饭过程　此过程是利用余热进一步促进 β 淀粉向 α 淀粉转化，一般经过 12 min 左右蜂鸣器发声，告知使用者取用。

（6）保温过程　若使用者在蜂鸣器报信后未取用，则自动转入保温过程，温控器适时启动加热器，使米饭的温度保持在 70 ℃左右。

五、电饭锅的选购

（1）要根据自己的经济实力来选择一些优秀品牌的产品。
（2）可以选择集多种功能于一身的电饭煲。
（3）在选择电饭煲的时候，还应该考虑它的耗电量问题。
（4）买时一定要检查产品是否有 3C 标志和产品说明书。
（5）检查一下电饭煲的外观。
（6）试用。

六、电饭锅的使用注意事项

（1）煮饭、炖肉时应有人看守。
（2）轻拿轻放，不要经常磕碰电饭煲。
（3）使用电饭煲时，锅底和发热板之间要有良好的接触。
（4）按键开关会自动弹起后，不宜马上开锅。
（5）在清洁过程中，切勿使电器部分和水接触。
（6）用完电饭煲后，应立即把电源插头拔下。
（7）不宜煮酸、碱类食物。
（8）使用时，应将蒸煮的食物先放入锅内，盖上盖，再插上电源插头。

 任务实施

1. 准备电饭锅、基本拆装工具、相关食材等实训器材。
2. 学生按 5~8 人分成工作小组，布置工作任务。
（1）阅读电饭锅的说明书，了解电器的基本参数。
（2）观察电饭锅的结构组成，分析电饭锅的工作过程，并组内讨论其结构及工作原理。
（3）教师拆解电饭锅，指导学生仔细观察内部零件。
3. 配合实训步骤，进行相关知识学习。
（1）观察电饭锅结构组成及工作原理。
（2）阅读说明书并讨论，学习电饭锅的使用方法。
（3）操作使用电饭锅，掌握电热水器的使用与维护方法。
4. 学习总结与讨论。

同步测试

一、填空题

1. 自动保温式电饭锅主要组成部件有外壳、内锅、电热板、_____、_____、指示灯、插座等。

2. 微电脑控制式电饭锅的煮饭过程包括大米吸水膨胀过程、大功率加热蒸煮过程、_____、二次加热、_____、保温过程。

二、判断题

1. 表面经过电化处理，形成氧化铝保护膜以防止蒸米粘锅。　　（　　）

2. 磁性温控器的作用是当内锅底部温度达到（103±2）℃时，断开电源。（　　）

3. 内锅稍微变形只要不漏不影响使用。　　（　　）

任务二
电烤箱的使用与维护

任务描述

掌握电烤箱的结构、工作原理与使用和维护。

 任务分析

学习本任务之前，学生需要掌握基础的电热元件原理。

电烤箱

 相关知识

电烤箱是一种利用电热元件所发出的热辐射，对食品直接和间接进行烘烤的电热炊具，如图 5.7 所示，具有卫生、无毒性、无异味、操作简单、使用方便等特点。

图 5.7　电烤箱

一、电烤箱的结构

电烤箱由箱体、加热器、定时器、调温器组成。

1. 箱体

箱体由外壳内腔和炉门组成。箱体采用薄钢板冲压焊接而成，为双层结构，中间填充有隔热保温作用的硅酸铝纤维或其他保温材料。外表面烤漆，可防止氧化并增加美观度；烤室电镀，使表面光亮以提高热效率，使烤制的食物接受更多的热量。

2. 加热器

加热器由上加热器和下加热器组成，采用红外线涂层的 U 形或 W 形管状电热元件，如图 5.8 所示，分别安装在烤室的顶部和底部。管状电热元件的安装通常采用双重绝缘结构，即在管状电热元件的管壁互相绝缘，即使在通电情况下打开炉门，或因操作不慎触及管状电热元件，也不会触电，安全可靠。

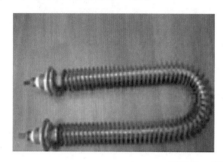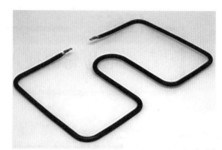

图 5.8 管状电热元件

电烤箱所用的发热元件大致可分为三类：一类是选用一根远红外管和一根石英加热管的电烤箱，它是所有的电烤箱中档次较低的类型。不过，基本的电烤功能还是能实现的，只是烤的速度相对会慢一点。因此，它比较适合经济状况一般且需要买电烤箱的家庭以及单身一族。另一类是采用两根远红外管和一根石英加热管的电烤箱，这类烤箱的特点是加热速度比较快。不过，与前者相比，价格要稍微高出一些。还有一类则是在附件中备有一根紫外线加热管，可灭菌消毒，卫生程度较高，而且加热速度快，所以价格就比较贵了，它适合经济条件好的消费者。

3. 定时器

定时器多采用金属外壳的发条式机械定时器，安装在控制室的下方，如图 5.9 所示。顺时针转动转轴，凸轮压下开关触片，动静触点接触，电源接通。在发条作用下，凸轮缓慢逆时针回转到尽头时，动触片落入凸轮凹位内，动静触点断开，自动切断电源，同时敲锤敲打钢铃而发出铃声，表示走时完毕。

图 5.9 定时器在面板中的位置

4. 调温器

调温器的结构如图 5.10 所示。它主要由双金属片、动触片、动触点、静触片、静触点、导热支架和转轴等组成。转动转轴，能在 50~250℃ 范围内调节温度，并在预定温度保持恒温。

图 5.10　调温器

二、电烤箱的使用注意事项

（1）电烤箱在使用前应仔细阅读说明书。

（2）为能烤制出色香味俱佳的食品，应该掌握食谱配料和烹调技术。烘制时，还应根据食物的体积和性质等选择适当的烘烤温度和时间。

（3）使用前要把调温器旋钮、定时器旋钮、转换开关等调至最低位置，通电后逐渐调到预定位置。

（4）烘烤时要特别注意不要让水淋着炉门的玻璃，以免因急剧受冷造成玻璃破裂。不得用手触摸烤箱的顶部和炉门，以防烫伤。不要频繁打开炉门，以防热量外逸。

（5）每次用完待冷却后，应将内腔和附件及时清洁干净，以免腐蚀生锈，影响卫生。切忌用水清洗，以免导致电器受潮或漏电。用完之后应放在干燥通风处。

三、电烤箱的选购

1. 使用频率

通常分为三控自动型（定时、调温、调功率）、控温定时型和普通简易型。对于一般家庭来说，选用控温定时型已经足够，因为此类型的功能较齐全，性价比较高。假如是喜欢烘烤类食物，经常需要使用不同烘烤烹饪方式的家庭，则可以选用档次较高的三控自动型，此类产品各类烘烤功能俱全，但价格较为昂贵。而对于只是偶然烘烤食品的家庭来说，普通简易型是"入门级"的产品。需要注重的是，虽然此类型产品价格较便宜，但由于温度和时间都是手动控制，需要使用者细心把握烘烤的火候，避免食物"夹生"或者烘烤过度，影响美味。

2. 食物分量

电烤箱的容量一般是 9~34 L 不等，所以选择容量规格时必须要充分考虑买电烤箱的用途。假如只是用来给一家三口烤面包之类，9~12 L 的就足够；假如要用来烤火鸡大餐或者开烧烤派对，自然要尽可能选择大容量的产品。需要提醒的是，电烤箱并不是功率越低越好，高功率电烤箱升温速度快、热能损耗少，反而会比较省电。家用电烤箱一般应选择 1 000 W 以上的产品。

3. "内外" 品质

一台好的电烤箱，首先外观应该做到密封良好，这样才能减少热量散失。烤箱的开门方式大多是从上往下开，因此要仔细试验箱门的润滑程度。箱门不能太紧，否则用力打开时易烫伤人；也不能太松，防止使用中不小心脱落。而电烤箱内部烧烤盘、烧烤架位越多越好。

电烤箱是温度骤变大的电器，所以要求烤箱用料厚实安全。烤箱材料质量高的产品需要采用两层玻璃，以及行业高标准 0.5 mm 厚冷轧板或不锈钢面板材料，有欧洲 A13 质量认证。中高档的产品至少应该有 3 个烤盘位置，能分别接近上火、接近下火和位于中部。此外，烤箱内部是否便于清洁也是考察的重点。随机附件比如烧烤架、烧烤盘、取物夹、屑盘、旋转烤叉组件等是否配备齐全、是否大品牌、保修条款是否合理等都是购买时需要考虑的因素。

四、电烤箱的清洁和保养

1. 预防沾污

在烘烤一些容易喷溅油汁的菜肴时，可先将烤箱四周内壁（不能包住或挡住加热管）铺上一层锡纸，烘烤后取下锡纸即可。

2. 拔除电源

清洁之前，最好先将电源插头拔掉，待烤箱降温后再清理，以免发生触电或烫伤等意外。

3. 外部的清洁

烤箱外侧（含玻璃门）可先喷上厨房清洁剂，稍待片刻后再用拧干的抹布擦拭干净。也可以趁烤箱还有余温时用抹布擦拭，更易清除污垢。

4. 内部的清洁

（1）用余热　油垢在温热状态下较易清除，所以可以趁烤箱还有余温时（不烫手）以干布擦拭，也可以在烤盘上加水，以中温加热数分钟后使烤箱内部充满温热水汽，再擦拭可轻松去除油垢。

（2）利用清洁剂　烤箱内部难以去除的油垢，可用抹布蘸少许中性清洁剂来擦拭，需注意的是，抹布不可湿或滴水，以免使烤箱出现故障。

（3）利用醋水、柠檬水　抹布蘸上醋水（水+白醋）或柠檬水来擦拭，也可去除油垢；醋水或柠檬水中加入盐，清洁效果更佳。

（4）利用面粉　当烤箱内有较大面积的未干油渍时，可以先撒面粉吸油，再予以擦拭清理，效果较佳。

5. 电热管的保养

烘烤中若有食物汤汁滴在电热管上，会产生油烟并烧焦黏附在电热管上，因此必须在冷却后小心刮除干净，以免影响电热管效能。

要去除黏附在烤盘或网架上的焦黑残渣，可先将烤盘或网架浸泡在加了中性清洁剂的温水中，约半小时后再用海绵或抹布轻轻刷洗，切忌使用钢刷以免刮伤生锈，洗后应立即用干布擦干。

6. 除异味

若烤箱肉残留油烟味，可放入咖啡渣加热数分钟，即可去除异味。

任务实施

1. 准备电烤箱、基本拆装工具、相关食材等实训器材。

2. 学生按 5~8 人分成工作小组，布置工作任务。

（1）阅读电烤箱的说明书，了解电器的基本参数。

（2）观察电烤箱的结构组成，分析电烤箱的工作过程，并组内讨论其结构及工作原理。

（3）教师拆解电烤箱，指导学生仔细观察内部零件。

3. 任选一种或多种相关食谱进行实训。

4. 学习总结与讨论。

同步测试

一、填空题

1. 电烤箱的加热器由上加热器和下加热器组成，采用红外线涂层的_____或_____管状电热元件。

2. 电烤箱的时间控制装置为_____，温度控制装置为_____。

二、判断题

1. 电烤箱的烤室电镀，使表面光亮以提高热效率。　　　　　　　　（　　）

2. 使用电烤箱时不要用手摸炉门，以防烫伤。　　　　　　　　　　（　　）

3. 坚硬脏污不好处理时可用钢刷清理。　　　　　　　　　　　　　（　　）

任务三

微波炉的使用与维护

任务描述

　　掌握微波炉的结构、工作原理与使用和维护。

任务分析

　　学习本任务之前，学生需要掌握微波的相关知识。

微波炉

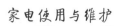

相关知识

一、微波炉加热原理及特点

微波是一种波长在 1 mm~1 m 范围内、频率在 300 MHz~300 GHz 之间的超高频电磁波。它的低频端与普通无线电波的"远红外"波段相连接。由于波长与其他电磁波的不同，导致了微波具有区别于其他电磁波的许多显著特点，使其在电热器具中得到了重要的应用。

1. 微波炉加热原理

微波以直线方式进行传播，在传播过程中遇到金属导体时会发生反射现象，犹如镜子反射可见光一样，因此可以利用金属来传输或者反射微波。在微波炉（图 5.11）中，一方面使用铜或铝制成的波导管来传输微波；另一方面利用微波炉炉腔内表面的钢板或不锈钢板等对微波的多次反射来加热食物。当微波遇到玻璃、陶瓷、云母、聚四氟乙烯之类的绝缘性物体时，能够直接透射过去。因此，这类材料被微波照射时本身几乎不发热，是制作微波炉中盛装被加热食物器皿的材料。微波能被含有水分的物质吸收而转变成热（内）能。当微波遇到了肉类、蔬菜、水果、面、米饭等介质时，能够被吸收而迅速转换成热能，在较短的时间内产生大量的热。微波炉就是利用这种特殊的能量转换方式来加热食物的。

图 5.11　微波炉

2. 微波加热的特点

与传统的烹饪方式相比，微波加热具有以下特点。

（1）加热迅速　微波加热是通过微波电场迫使食物同时被加热，因而加热速度快、效率高、节能、省时。

（2）易于控制加热过程　微波加热功率即时可控，不存在热惯性，因而极易控制加热时间和过程，使用非常便利。

（3）烹饪食物质量好　微波加热时，食物内外各部位同时发热，加热迅速，因而能比较好地保持食物的色、香、味，减少食物中维生素、矿物质、氨基酸等营养成分的损失。

（4）干净卫生　微波加热无明火，无油烟，无灰尘，不污染环境。

（5）使用安全方便　微波炉具有多种安全措施，确保使用者的安全。烹饪时炉体本身不发热、不辐射热量，操作者不必守候。

二、微波炉的基本结构

微波炉的基本结构是围绕着微波能量的产生、传输、控制以及均匀化、自动化等方面来设置的。微波炉主要由金属外壳、炉腔和炉门、定时器、温控器、磁控管、波导管、漏磁变压器以及电源指示等部分组成。图 5.12 所示为微波炉的外形和基本结构图。

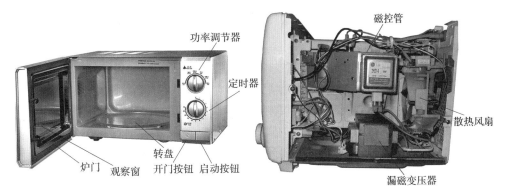

图 5.12　微波炉的外形和基本结构图

1. 炉腔

微波炉的炉腔是用涂敷非磁性材料（如防锈烘漆等）的铝板或不锈钢板制成。框架右边 1/3 处用薄钢板隔出，内置定时器、磁控管、漏磁变压器和风扇等部件，右框架正面的控制面板上装有定时旋钮和功率调节旋钮等。

左框架内为微波加热室，从本质上讲它又是微波炉的谐振腔，经波导送入炉腔的微波在炉壁间来回反射，产生谐振现象，使微波形成均匀分布；同时金属板的炉壁又屏蔽了微波的外漏。为使加热均匀，有些微波炉的腔内还设有搅拌电磁波的金属搅拌器。在炉腔的侧面与顶部开有排湿孔，用来排出加热食物时所产生的水蒸气。炉腔内还设有转动的玻璃托盘，由 3 W 永磁同步电动机驱动，经减速后以 5~10 rad/min 的速度旋转，使食物的各个部位交替处于微波场中的不同位置，保证了食物各部位吸收的微波能量基本一致，以获得最佳的烹饪效果。

2. 炉门

炉门由金属框架和玻璃观察窗两部分组成。炉门用薄钢（或铝）板冲压成型，观察窗位于正面中心部位，观察窗一般是在双层玻璃之间特别夹装了一层极细的微孔金属丝网后制成。一般在炉门内壁贴有塑料压板，其表面有透明涤纶胶片，以保护炉门免受侵蚀和增加密封性能。

炉门与炉腔之间的缝隙很容易泄漏微波，微波过量泄漏会对人体造成伤害。因此炉门的密封性能便成为衡量微波炉质量的一项重要指标。

为确保使用安全，炉门上还装有两道微动开关，通过炉门的把手加以控制，以便联锁保险。当炉门打开或关闭不严时，联锁开关断开电源，磁控管不工作。如果联锁开关出现问题，还有监控开关保险。除初级联锁开关外，还有一个最终接通电源的副联锁开关。当炉门开启时，启动开关被锁住，使副联锁开关无法接通，只有当炉门关好后，启动开关才能按下，副联锁开关才能闭合，起到双重保险作用。

3. 磁控管

磁控管是一种真空器件，由管芯和磁铁两部分组成，主要作用是使电子在谐振腔内发生振荡，形成频率为 2 450 MHz 的微波。

磁控管的灯丝电压一般为 3.2 V 左右，工作电流约为 14 A，阳极峰值电压在 4 000 V 以上，电流约为 300 mA。磁控管平均寿命为 1 000~3 000 h。由于漏磁变压器和磁控管工作时发热量很大，因此除安装散热片外，还用转速为 2 500 r/min 左右、功率为 3W 的罩极式电动机带动的风扇进行强制性风冷。

4. 波导管

磁控管产生的微波只有被传输到炉腔，才能实现对食物加热的目的。用高导电金属做成的波导（管）就是用来定向传输微波的管状元件。它可以将被传输的微波限定在管子内部，使能量沿着管轴的方向传播，而不能向其他方向散射。家用微波炉所使用的波导一般用截面呈矩形的空心高导电金属管（如黄铜管）制成，为降低微波在传输过程中的损耗，通常还在管子内壁镀一层电导率更高的金属（如银等）物质。波导的几何尺寸对微波的传输有着直接的影响，如果尺寸设计不当，在传输过程中微波能量的损耗会很大，甚至传不出去。

5. 搅拌器

搅拌器又称为电磁场模式搅拌器，其主要作用是打乱炉腔内部的电磁场，使其分布均匀，以改善微波炉的加热效果。搅拌器形如一只电风扇，但叶片的形状不太规则，一般用导电性能好、强度高的金属（如镁铝合金等）制成。搅拌器一般安装在波导的输出口处，由专用小电动机带动叶片以每分钟几转到几十转的低转速旋转，它在旋转运动中不断改变微波的反射角度，将微波反射到炉腔内各个点上，使炉腔内食物受热均匀。有些微波炉中不设搅拌器，而靠承托食物的转盘旋转，达到既能改变微波场的分布，又使食物本身均匀加热的目的。

6. 漏磁变压器和整流器

漏磁变压器又称高压变压器或稳压变压器，它为磁控管提供几千伏的阳极高压和 3.3 V 左右的灯丝电压。漏磁变压器的显著特点是功率容量大、稳压范围宽、短路特性好。

整流器是由高压电容和整流二极管组成一个半波倍压整流电路，这种倍压整流供电方式可使变压器二次侧线圈匝数减少一半。高压整流二极管通常用高压硅堆来代替，其耐压在 10 kV 以上，额定电流为 1 A。高压电容容量为 1 μF 左右，其内部（铝壳内）并联一个 10 MΩ 的放电电阻，电容耐压要求在 2 100 V 以上。

7. 定时器

微波炉的定时器一般与其他控制元件统一设置在控制面板上，如图 5.13 所示。普通型微波炉一般采用电动式定时器，定时范围有 30 min、60 min 和 120 min 等。定时器开关与功率控制开关组合在一起，用一个微型永磁同步电动机驱动。设定时间后定时器开关虽然闭合但并不立即工作，只有当主、副联锁开关接通后，微型同步电动机才带动小模数齿轮传动机构运转，起计时作用。当设定时间结束时定时器触点自动断开，切断微波炉的工作电源。同时，通过锤摆敲打钢铃，发出清脆铃声。在较高档的微波炉中，大多已改用电子数显式定时器，这种定时器主要是利用电容充放电特性来准确定时，并通过数码管直观地显示定时时间。电子数显式定时器定时准确，不受电源电压与外界温度的影响，且使用寿命很长。

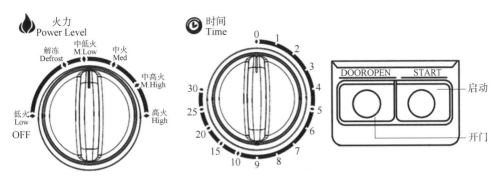

图 5.13 微波炉控制面板的旋钮与按键

8. 功率调节器

普通型微波炉的功率调节不是调节磁控管供电电压的大小，而是通过控制磁控管的工作与间歇时间比来改变微波输出功率，即调节磁控管的平均功率大小。比较先进的微波炉把功率调节器与定时器共用一个电动机驱动，在定时器工作的同时，由传动机构带动凸轮转动，使功率调节器开关在不同的功率挡位产生不同的通断时间比。功率调节采用"百分率定时"的方式，即在某一设定的时间内，控制电源接通的时间占设定时间的百分率，例如保温、解冻、中温、中高温和高温时其百分率分别为 15%、30%、50%、70% 和 100%。

功率调节除上述方法外，还有晶闸管控制方式、变压器抽头切换方式等。从成本与性能考虑，家用微波炉一般均采用百分率定时方式来实现功率调节。

9. 过热保护器

微波炉中的过热保护器是一种热敏保护器件，它通常安装在磁控管上以防止磁控管因过热而损坏。正常情况下，过热保护器呈闭合状态，但在散热电动机停转、散热气道受阻以及微波炉空载或轻载等非正常状态下，磁控管所产生超过规定的高温将会使过热保护器动作，从而切断电源，停止微波炉的工作。

10. 散热风扇

由于磁控管、漏磁变压器工作时会产生大量热量，为保证微波炉安全可靠工作，必须设置散热风扇强制降温。

三、微波炉的选购

1. 认证

微波炉是列入第一批国家强制性安全认证（CCC 认证）目录的产品，消费者在选购时一定要选择贴有"CCC"认证标志并标有相应工厂代码和认证证书编号的产品。为了验证认证标志和认证证书的真伪，可登录中国国家认证认可监督管理委员会官方网站进行认证证书的网上查询。

2. 形式、容量

微波炉的种类很多，输出功率有 500 W、600 W、800 W、1 000 W 等多种。容量也有0.6、0.7、0.9、1.0 等不同的规格。选购时既要考虑家庭的经济能力和人口多少，也要考虑家庭电路和电表的负荷能力。就现阶段普通家庭 3~4 个人的生活水准而言，选择功率在800~1 000 W 的普通转盘式微波炉，从价格、容量、供电等诸方面考虑，都比较适宜。

3. 外观质量

对微波炉外观质量的选择应包括造型、色彩、表面质量和零部件的配合。

（1）造型是看该产品的造型是否美观大方。

（2）色彩是看该产品的颜色是否喜欢，产品上的各种颜色是否协调，该产品与安置处其他家具和器具的颜色是否协调。

（3）表面质量是查看产品表面的涂层、漆层或镀层有无机械碰伤和擦伤，各部件有无裂缝，损伤，加工披锋是否除尽。

（4）面板要求平整无凹度，无擦毛，无碰伤，无机加工痕迹，色泽均匀，光泽好，图案、字符清楚。

4. 通电试验

将微波炉接通电源，放入水，启动微波炉，注意观察以下几点：

（1）观察炉内是否有照明。

（2）观察炉内玻璃盘是否转动，不转将损坏部件。

（3）水是否被加热，可将一杯 200 L 的冷水，放入功率为 500 W 的微波炉内，开动 4 min 将水烧开，或放入功率为 600 W 的微波内，开动 3 min 将水烧开，就属于正常。如不热证明磁控管不工作。

（4）是否有热风排出，磁控管正常工作时如果排风系统不工作将损坏微波炉。

（5）根据说明书检查控制板所有按键及旋钮是否功能齐全。

（6）微波炉工作中途，如将炉门打开微波炉应停止工作，不然大量微波射向炉外将对人产生危害。

（7）轻启炉门时应听到轻微的"咔嚓"声。这证明接触良好。

（8）噪声不宜过大。可用一台中波收音机调到无台处，放在靠近炉体的四周，如听不到放电似的噪声，则说明微波屏蔽良好，微波泄漏功率较小。

四、微波炉的使用与维护

1. 微波炉的使用禁忌

（1）忌用普通塑料容器：一是热的食物会使塑料容器变形；二是普通塑料会放出有毒物质，污染食物，危害人体健康。

（2）忌用金属器皿：因为放入炉内的铁、铝、不锈钢、搪瓷等器皿，微波炉在加热时会与之产生电火花并反射微波，既损伤炉体又不能加热食物。

（3）忌使用封闭容器：加热液体时应使用广口容器，因为在封闭容器内食物加热产生的热量不容易散发，使容器内压力过高，易引起爆破事故。

（4）忌用瓶颈窄小的瓶装食物：就算打开了盖也易因压力而膨胀，引致爆炸。

（5）忌将半满开了盖的瓶装婴儿食物或原瓶放入炉内加热，以免瓶子破裂。

（6）凡竹器、漆器等不耐热的容器，有凹凸状的玻璃制品，均不宜在微波炉中使用。

（7）瓷制碗碟不能镶有金、银花边。使用专门的微波炉器皿盛装食物放入微波炉中加热。

（8）忌超时加热：食品放入微波炉解冻或加热，若忘记取出，如果时间超过 2 h，则应丢掉不要，以免引起食物中毒。微波炉的加热时间要视材料及用量而定，还和食物新鲜程度、含水量有关。由于各种食物加热时间不一，故在不能肯定食物所需加热时间时，应以较短时间为宜，加热后可视食物的生熟程度再追加加热时间。否则，如时间太长，会使食物变硬，失去香、色、味，甚至产生毒素。按照食物的种类和烹饪要求，调节定时及功率（温度）旋钮，可以仔细阅读说明书，加以了解。

（9）忌将肉类加热至半熟后再用微波炉加热：因为在半熟的食品中细菌仍会生长，第二次再用微波炉加热时，由于时间短，不可能将细菌全杀死。冰冻肉类食品须先在微波炉中解冻，然后再加热为熟食。

（10）忌再冷冻经微波炉解冻过的肉类：因为肉类在微波炉中解冻后，实际上已将外面一层低温加热了，在此温度下细菌是可以繁殖的，虽再冷冻可使其繁殖停止，却不能将活菌杀死。已用微波炉解冻的肉类，如果再放入冰箱冷冻，必须加热至全熟。

（11）忌油炸食品：因高温油会发生飞溅导致火灾。如万一不慎引起炉内起火时，切忌开门，而应先关闭电源，待火熄灭后再开门降温。

（12）忌将微炉置于卧室，同时应注意不要用物品覆盖微波炉上的散热窗栅。

（13）忌长时间在微波炉前工作：开启微波炉后，人应远离微波炉或人距离微波炉至少在1 m之外。

（14）忌与其他电器共用同一插座，要用单一电源而且装接了地线的插座。

（15）忌用微波炉暖婴儿的牛奶，因为牛奶热得不均匀时，容易灼伤婴儿。另外会使牛奶的营养成分破坏。

（16）忌用微波炉去烘干衣服或者把硬化的指甲油煮软，以防起火。

（17）忌徒手去移出微波炉内的食物。盛器及盖子加热后往往积聚了蒸汽，又会吸收食物的热气，而变得十分烫手，应该用防热手套或垫子，以防灼伤。

（18）不允许无含水食物放置微波炉内而使微波炉工作，这样会导致微波炉损坏。

2. 微波炉的使用注意事项

（1）在使用微波炉之前，认真阅读制造商随炉附送的使用说明书，认识你的微波炉。

（2）电源若不足，炉内的光线会显得暗淡，此时若继续使用，会损坏安全保险设备，应立即停止。

（3）微波炉要放置在通风的地方，附近不要有磁性物质，以免干扰炉腔内磁场的均匀状态，使工作效率下降。微波炉应该平放，远离炉火及水龙头。炉后或两侧通风之处切勿盖住，最好与墙壁有5 cm以上的距离，使热气易于散发。还要和电视机、收音机离开一定的距离，否则会影响视、听效果。

（4）微波炉内如无物品，切勿使用。因为发出的微波无法吸收，会反弹回磁控管而造成损坏。家中若有小孩（尤其是学龄前儿童）或智力障碍的家庭成员，为防止一时疏忽而造成空载运行，可在炉腔内置一盛水的玻璃杯；最佳选项是该微波炉由独立的电源开关控制，最大限度地避免不可预见的灾难性后果发生。

（5）在使用转盘式微波炉时，盛装食品的容器一定要放在微波炉专用的盘子中，不能直接放在炉腔内。

（6）一定要关好炉门，确保联锁开关和安全开关的闭合。微波炉关掉后，不宜立即取出食物，因此时炉内尚有余热，食物还可继续烹调，应过1 min后再取出为好。

（7）如微波炉门有凹痕或者有任何损坏致关不牢，不应使用。定期检查炉门四周和门锁，如有损坏、闭合不良，应停止使用，以防微波泄漏。门铰若发觉不妥，立即着人修理。不宜把脸贴近微波炉观察窗，防止眼睛因微波辐射而受损伤。也不宜长时间受到微波照射，以防引起头晕、目眩、乏力、消瘦、脱发等，使人体受损。

（8）大部分微波炉在炉腔内的右侧有微波馈入口，一般用云母或塑料片遮挡，必须定期（建议使用微波炉10次左右）用湿布擦洗干净，否则溅在上面的油污或食物残渣易被炭化，引起微波反射，烧坏磁控管。在加热食物的过程中，最好能顺手在食物的上面盖个陶瓷或玻璃的碟子，既可防止油烟或食物碎屑飞溅及减少水汽附着到内壁上，还能避免微波炉安全隐患，同时也减轻了清洁工作量。

（9）门缝或开门之处，切勿遗留食物碎屑或油渍，致炉门不能密关。

（10）微波炉宜常保持清洁及干爽，炉内如有水汽会减低效能，应尽量拭干。

（11）整袋食物若附有金属夹子，应先将其移去，缚紧塑胶煮食袋的金属条，不应使用。若见炉内发生火花，应立即停炉。

（12）微波炉若因意外着火，勿打开炉门，应先把炉关掉，再将插头拉出，炉内之火便会慢慢熄灭。

（13）即使在煎煮带壳食物（如整个鸡蛋，它会因压力在炉内爆开四射）时，也要事先用针或筷子将壳刺破，以免加热后引起爆裂、飞溅弄脏炉壁，或者溅出伤人。整个带紧皮的蔬果如薯仔、瓜类、番茄及梅子等，应先将皮戳破疏气以避免爆炸。香肠、鸡肝、蛋黄、鲜鱼、家禽的眼睛，亦应戳破。加热牛奶或汤水时，最好中途搅拌一下，以免溢泻。如果要在微波炉内煮面食，切勿加油在煮面的水内，因为浮在水面的油，遇热会四溅，导致危险。

3. 微波炉的清洁维护

（1）每次用毕，用湿毛巾将炉的内壁及转盘抹净，再用干毛巾抹去所有水分，并将炉门打开片刻以通风散热。抹干净门缝及门铰，切勿遗留新物引致炉门不能开关而泄漏辐射。微波反射能力强，高温稳定不易渗透；提高能效利用率，表面清洁更省心。测试结果显示，这种易清洁涂层污渍去除效果约为普通涂层的10倍。

（2）炉壁四角、四周与炉门相接之处，应常保持清洁。如有清洁剂或食物碎屑及油渍残留在门铰及门缝上，可用湿布蘸些中性清洁剂擦去，切勿用磨洁布或粗糙带腐蚀性的清洁剂去擦或用小刀去刮，致伤炉壁的金属保护层。微波炉用过后若不随即擦拭，很容易在内部结成油垢，所以只好用特别的招数除垢：放一杯水入炉，大火煮 2~3 min，让微波炉内充满蒸汽，这样可使顽垢因饱含水分而变得松软，容易去除。

（3）如炉内有异味，可置一杯水入炉内，加一汤匙柠檬汁或白醋，大火热 2~3 min，移去杯子再拭净，异味便会消除。

（4）炉的外壁要时加清洁，以除去因日常烹调而引起的油污，以免减低微波炉的效能。

（5）炉内应经常保持清洁。在断开电源后，使用湿布与中性洗涤剂擦拭，不要冲洗，勿让水流入炉内电器中。

清洁微波炉内腔时，切勿遗漏置于内腔右侧黄色长方形的云母片，它的好坏直接影响着微波炉功能和使用寿命。如果云母片被严重污染甚至击穿，还可能会引发电路短路导致各种危险。

 **任务实施**

1. 准备微波炉、基本拆装工具、相关食材等实训器材。

2. 学生按 5~8 人分成工作小组，布置工作任务。

（1）阅读微波炉的说明书，了解电器的基本参数。

（2）观察微波炉的结构组成，分析微波炉的工作过程，并组内讨论其结构、工作原理及相关注意事项。

（3）教师拆解微波炉，指导学生仔细观察内部零件。

3. 任选一种或者多种食材进行相关食品的制作。

4. 学习总结与讨论。

 同步测试

一、填空题

1. 微波是一种波长在_____范围内、频率在_____之间的超高频电磁波。

2. 微波炉产生微波的元件是_____，传输微波的元件是_____。

3. 微波炉的炉门由_____和_____两部分组成。

二、判断题

1. 3~4 人的家庭选择功率在 800~1 000 W 的普通转盘式微波炉即可。　　　　（　　）

2. 金属餐具导热性比较好，可放在微波炉中加热食物。　　　　　　　　　（　　）

3. 炉的外壁要时加清洁，以免减低微波炉的效能。　　　　　　　　　　　（　　）

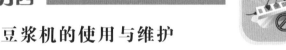

任务四

豆浆机的使用与维护

 任务描述

掌握豆浆机的结构、工作原理与使用和维护。

 任务分析

掌握豆浆机的结构和工作原理，在此基础上实际动手操作，制作相关食谱并清洁维护。

豆浆机

相关知识

随着人们对健康的重视逐渐加强，为了干净卫生，很多家庭纷纷选择自制豆浆，从而拉动家用微电脑全自动豆浆机市场（图5.14）。豆浆具有极高的营养价值，是一种非常理想的健康食品。据专家介绍，豆浆里含有多种优质蛋白、多种维生素、多种人体必需的氨基酸和多种微量元素等。无论成年人、老年人和儿童，只要坚持饮用，对于提高体质、免疫力，预防和治疗病症，都大有益处。春秋饮豆浆，滋阴润燥，调和阴阳；夏饮豆浆，消热防暑，生津解渴；冬饮豆浆，祛寒暖胃，滋养进补。

图5.14　豆浆机

一、豆浆机的分类

1. 按模式

（1）全自动豆浆机　是最流行的豆浆机，使用十分方便，只需将大豆放入豆浆机中，按下开关15 min左右就能喝上新鲜的豆浆。

（2）石磨豆浆机　运用传统的石磨磨豆浆的方式。

2. 按打磨方式

（1）包煮包磨豆浆机　就是专业豆浆机，使用很方便，干豆、湿豆都能磨，且不用专门倒出来煮，经常喝豆浆可以选这种。

（2）榨汁搅拌复合类豆浆机　是通过搅拌将大豆拌碎，并只能磨湿豆，磨好后倒出来用锅煮。可以用来榨汁。

（3）自动分离磨浆机　其特点是在对原料磨碎的同时，浆和渣即可在机体内自行分离出来。该机结构合理，外形美观，操作方便。具有体积小、重量轻、噪声低、省人员、省电力、性能稳定、质量可靠、清洗容易、移动方便等优点。

3. 按功能

按豆浆机是否可以磨制五谷豆浆、干豆/湿豆豆浆、果蔬冷饮、米糊和玉米汁等口味的饮品，进行分类。

4. 按用途

（1）家用豆浆机 用在一般的家庭，可以按自家的人口数来选择豆浆机的容量。

（2）商用豆浆机 使用在人数相对较多的场合，比如酒店、快餐店等公共场合，造价比家用豆浆机更昂贵，构造更复杂，具有很好的稳定性。

5. 按有无网型

（1）有网型豆浆机 市场存在时间较长，网的材质从丝状网到不锈钢网。特点：有网精磨，豆浆细腻，电机的使用时间较长；不易清洗。

（2）无网型豆浆机 是随着豆浆机技术发展应运而生的，去掉不锈钢网，而且新技术下还增加了底盘加热机型。特点：无网，豆浆较粗糙，电机的使用时间较短；易清洗。

二、豆浆机的组成结构

豆浆机的组成结构如图 5.15 所示。

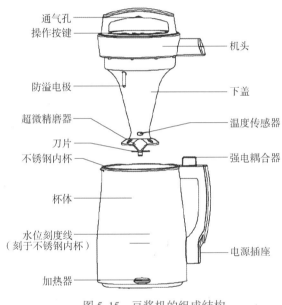

图 5.15　豆浆机的组成结构

1. 杯体

杯体像一个硕大的茶杯，有把手和流口，主要用于盛水或豆浆。杯体有的用塑料制作，有的用不锈钢制作，但都是符合食品卫生标准的不锈钢或聚碳酸酯材质。购机时以选择不锈钢杯体为宜，主要是便于清洁。在杯体上标有"上水位"线和"下水位"线，以此规范对杯体的加水量。杯体的上口沿恰好套住机头下盖，对机头起固定和支撑作用。

2. 机头

机头是豆浆机的总成，除杯体外，其余各部件都固定在机头上。机头外壳分上盖和下盖。上盖有提手、工作指示灯和电源插座。下盖用于安装各主要部件，在下盖上部（也即机头内部）安装有电脑板、变压器和打浆电机。伸出下盖的下部有加热器、刀片、网罩、防溢电极、温度传感器以及防干烧电极。需要说明，下盖的材质同样需要符合食品卫生标准。

3. 加热器

加热功率 800 W，不锈钢材质；有加热管、加热盘等，根据豆浆机的形状而定，用于加热豆浆。

4. 温度传感器

用于检测"预热"时杯体内的水温，当水温达到 MCU（微控制器）设定温度（一般要求 80 ℃左右）时，启动电机开始打浆。

5. 防干烧电极

该电极并非独立部件，而是利用温度传感器的不锈钢外壳。外壳外径 6 mm，有效长度 89 mm，长度比防溢电极长很多，插入杯体底部。杯体水位正常时，防干烧电极下端应当被浸泡在水中。当杯体中水位偏低或无水，或机头被提起，并使防干烧电极下端离开水面时，MCU 通过防干烧电极检测到这种状态后，为保安全，将禁止豆浆机工作。

6. 刀片

刀片外形酷似船舶螺旋桨，高硬度不锈钢材质，用于粉碎豆粒。有 S 形、X 形、I 形等。

7. 网罩

用于盛豆子，过滤豆浆。实际工作时，网罩通过扣合斜楞而与机头下盖是扣合在一起的。清洗时会发现，因受热后网罩与机头下盖扣合出现过紧，因此拆卸网罩时应先用凉水将其冷却，以免用力过大而划伤手或弄坏网罩。

8. 防溢电极

用于检测豆浆沸腾，防止豆浆溢出。它的外径 5 mm，有效长度 15 mm，处在杯体上方。为保障防溢电极正常工作，必须及时对其清洗干净，同时豆浆不宜太稀，否则，防溢电极将失去防护作用，造成溢杯。

三、豆浆机的工作流程

加入适量的水，温水或者凉水都可以，通电后启动"制浆"功能，电热管开始加热，25 min 后水温达到设定的温度。预打浆阶段，当水温达到设定的温度时候，电机开始工作，进行第一次预打浆，然后持续加热碰及防溢电极后到达打浆温度，进入打浆/加热阶段，在该阶段不停地打浆和加热，使得豆子彻底被粉碎，豆浆初步煮沸，熬煮，豆浆煮沸后进入熬煮阶段，发热管反复间隙加热，使豆浆充分煮熟，完全乳化。

四、豆浆机的使用与维护

1. 现磨豆浆机的使用和保养

（1）杯体内无水或水位过低时，机器处于自我保护或报警状态，电机和加热管都不工作，并非故障，水量放置以靠近上水位线为佳。

（2）极少数地区的饮用水会造成豆浆凝结成类似豆腐脑的情况，主要原因是水中所含离子太多，可以用凉开水解决。

（3）洗刷时，只能用水流、清洁刷冲刷机头下半部黏附豆浆机的豆浆，切勿将机头浸泡水中或水流冲洗机头上半部分，机头上部和电源插座部分严禁入水。

2. 使用注意事项

（1）机头内勿进水。

（2）拿出或放入机头部分前，先切断电源。

（3）煮浆时将机器置于儿童不易触摸的地方。

（4）制作豆浆时，先将豆或其他原料加入杯体内，然后再加水至上下水位线之间。

（5）网罩及时清洗干净。

（6）电热器、防溢电极和温度传感器及时清洗干净。

（7）拆卸网罩时注意使用正确方法，以免伤人。

（8）若机器采用高速电机，粉碎时出现间歇性忽快忽慢的声音属正常现象。

（9）机器工作时，与插座等保持一定的距离，使插头处于可触及范围，并远离易燃易爆物品，同时电源插座接地线必须保持良好接地。

（10）按键时按照使用说明按压功能键，选择相应的工作程序，否则制作的豆浆不能满足要求。

（11）机器工作后期或工作完成后，勿拔、插电源线插头并重新按键执行工作程序，否则可能造成豆浆溢出或长鸣报警。

（12）机器工作时，不要忘记安装网罩，否则在打浆过程中会有溢出，易溅出烫伤。

（13）豆子、米类等放入杯体内时，注意尽量均匀平放在杯体底部。

（14）如果在机器工作过程中停电（尤其是打浆后期至工作完成期间），不要再按下功能键进行工作，否则会造成加热器糊管，打浆时豆浆溅出或机器长鸣报警故障。

（15）如果电源线损坏，必须到公司售后服务部门购买专用电源线来更换。

（16）随机附送的过滤杯是过滤豆浆用的，制作豆浆时一定要从杯体内取出。

（17）制浆完成后，尤其全营养豆浆和绿豆豆浆冷却后，不要再二次加热、打浆，否则会造成糊管。

（18）使用小粒黄豆打豆浆需要提前一天晚上泡好。

 任务实施

1. 准备豆浆机、基本拆装工具、相关食材等实训器材。

2. 学生按 5~8 人分成工作小组，布置工作任务。

（1）阅读豆浆机的说明书，了解电器的基本参数。

（2）观察豆浆机的结构组成，分析豆浆机的工作过程，并组内讨论其结构、工作原理及相关注意事项。

（3）教师拆解豆浆机，指导学生仔细观察内部零件。

3. 任选一种或者多种食谱进行相关食品的制作。

4. 学习总结与讨论。

 同步测试

一、填空题

1. 为规范加水量，豆浆机杯体上通常标有＿＿＿＿＿＿和＿＿＿＿＿＿两个刻度线。

2. 为保证加热过程安全，豆浆机设有＿＿＿＿＿＿和＿＿＿＿＿＿两个电极。

二、 判断题

1. 防干烧电极的长度要比防溢电极长一些。 （　　）
2. 豆浆机杯体水量放置以靠近上水位线为佳。 （　　）
3. 豆浆机机头都有防水设计，浸入水中清洁晾干也可工作。 （　　）

 项目评价

序号	任务	分值	评分标准	组评	师评	得分
1	电饭锅的使用与维护	20	1. 介绍电饭锅的结构组成及工作原理 2. 描述电饭锅的使用方法及注意事项 3. 正确操作使用电饭锅			
2	电烤箱的使用与维护	20	1. 介绍电烤箱的结构组成及工作原理 2. 描述电烤箱的使用方法及注意事项 3. 正确操作使用电烤箱			
3	微波炉的使用与维护	20	1. 介绍微波炉的结构组成及工作原理 2. 描述微波炉的使用方法及注意事项 3. 正确操作使用微波炉			
4	豆浆机的使用与维护	20	1. 介绍豆浆机的结构组成及工作原理 2. 描述豆浆机的使用方法及注意事项 3. 正确操作使用豆浆机			
5	小组总结	20	分组讨论，总结项目学习心得体会			
指导教师：				得分：		

答案

项目六　电动器具的使用与维护

电动器具的使用与维护

【项目介绍】

电动器具是指将电能转化为机械能，并用机械能来做功的用电器具。电动器具在家用电器中同样占有很大的比例。

家用电动器具的种类很多。常用的有电风扇、洗衣机、吸尘器，以及厨房用的电动器具如吸油烟机、食品加工机、全自动豆浆机，还有一些用于美容保健的电动器具如电吹风、电动剃须刀、电动按摩器等。

电动器具的动力是电动机，用电动机完成电能向机械能的转化，再配以控制装置和制动装置，以达到不同的使用目的。由于单相交流电动机具有结构简单、运行可靠、检修容易、噪声小等优点，而且一般家庭中只具有单相交流电源，因此家用电动器具中均采用单相交流电动机作为动力。本项目着重介绍常用的几种电动器具，重点从使用、结构、维护等方面进行。

【知识目标】

1. 了解电风扇的类型、结构与工作原理。
2. 了解吸油烟机的类型、结构与工作原理。
3. 了解洗衣机的类型、结构与工作原理。

【技能目标】

1. 掌握电风扇的使用维护方法。
2. 掌握吸油烟机的使用维护方法。
3. 掌握洗衣机的使用维护方法。

【素质目标】

培养学生养成正确使用常用电动器具的习惯，激发学生探究"要知其然更要知其所以然"的兴趣，培养学生科学的探究意识和理念。

随着科学的不断进步，大到各类大型机械，小到各种微型元件，电动器具得到了广泛的应用，你能想到的家用电动器具有哪些？

任务一
电风扇的使用与维护

任务描述

掌握电风扇的类型、结构、工作原理与使用和维护。

任务分析

学习本任务之前，学生需要掌握电机知识及常用的机械结构。

相关知识

一、电风扇的类型、规格和型号

电风扇是我国家庭中最为普及的家用电器之一，它是由电动机带动扇叶旋转以加速空气流动或使室内外空气交换，达到降低人体表面温度、改变局部环境舒适度的一种电动器具（图6.1）。近年来，随着电子技术与传感技术的发展，电风扇不断向高档次、电子控制及能产生模拟自然风方向发展，如目前普遍使用的红外线遥控电风扇和微电脑程控电风扇等。

1. 电风扇的分类

（1）按自动化程度分类　可分为普通电风扇和高档电风扇。普通电风扇控制系统简单，高档电风扇应用大量电子与微电脑技术，实现了程序控制。

（2）按使用电源分类　可分为交流电风扇、直流电风扇和交直流电风扇。

（3）按电动机的形式分类　可分为单相交流罩极式、单相交流电容式及交直流两用的串励式电风扇。罩极式电动机结构简单，维修方便；电容式电动机具有启动和运转性能好、耗电少、制造方便、噪声低等优点，因此得到了广泛的应用。

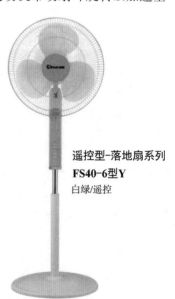

遥控型-落地扇系列
FS40-6型Y
白绿/遥控

图6.1　电风扇

（4）按结构特征及用途分类 可分为台扇、吊扇、落地扇、排气扇、箱式电风扇（又称转页扇）。

2. 电风扇的规格和型号

电风扇的规格是以扇叶直径尺寸大小表示的。扇叶直径即指扇叶最大旋转轨迹的直径，以 mm 为单位，也有以英寸（in）[①] 计，一般台扇和落地扇的扇叶直径分为 200、250、300、350、400、600（落地扇）等几种，见表 6.1。

表 6.1 电风扇的规格

品种	扇叶直径/mm	品种	扇叶直径/mm
台扇	200、250、300、400	顶扇	300、350、400
落地扇	300、350、400	换气扇	150、200、300、350、400、450、500
吊扇	900、1 050、1 200、1 400、1 500、1 800	壁扇	250、300、400
转页扇	250、300、350		

电风扇型号统一编排方法如下：第一个字母为组别代号，如 F 表示电风扇；第二个字母为系列代号；第三个字母为形式代号，其后的数字分别为生产序号和规格代号（表 6.2、图 6.2）。例如：型号 FHS 3-35，表示 350 mm 罩极电动机系列落地式电风扇。

表 6.2 电风扇的系列代号与形式代号

系列代号	形式代号及其意义
H：罩极式	A：轴流式排气扇
R：电容式（可省略）	B：壁式电风扇
T：三相	C：吊式电风扇
Z：直流	D：顶式电风扇
	E：电风扇
	H：排气扇
	S：落地式电风扇
	T：台式电风扇
	Y：转页式电风扇

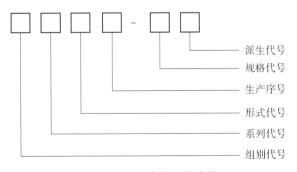

图 6.2 电风扇的型号编排

---

① 1 英寸（in）= 2.54 厘米（cm）。

二、电风扇的结构

在电风扇中，台扇与落地扇是最基本的结构形式。台扇主要分成五个部分：扇叶、扇罩、扇头、底座和控制部分。台扇的基本结构如图6.3所示。

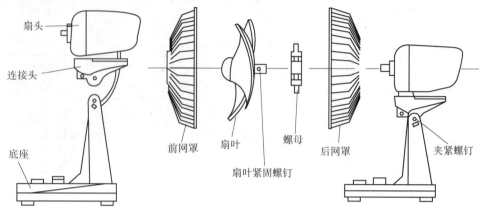

图6.3 台扇的基本结构

1. 扇头

扇头主要由单相交流电动机、摇头机构及前后端盖组成，如图6.4所示。

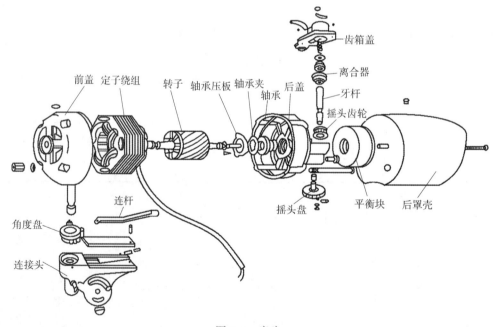

图6.4 扇头

（1）电动机 电风扇所使用的电动机大多数采用电容式单相交流异步电动机，主要由定子、转子、轴承、端盖等组成，如图6.5所示。

定子包括定子铁芯与定子绕组。定子铁芯采用0.5 mm硅钢片冲制成薄片后叠装而成。铁芯片的内圆有槽口，供嵌放绕组用。目前，国内生产的电风扇电动机的定子冲片主要有两

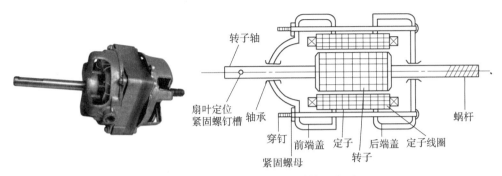

图 6.5　电容式电动机外形及结构示意图

种不同的槽型及槽数，如 8 槽与 16 槽两种，槽数多，对改善电动机性能和降低电动机温升有好处。

定子绕组由高强度漆包线组成。用手工或机器嵌入定子槽内，绕组和定子铁芯互相绝缘。定子绕组有主绕组（运转绕组）和副绕组（启动绕组）两组，两组绕组都有首端和尾端，一共 4 个头。副绕组和电容串联后，再与主绕组并联，接于单相交流电源上。适当选择电容器容量，使流过副绕组的电流超前于流过主绕组电流 90°，形成相位角相差 90° 的两相电流。单相电容式电动机为两相绕组的单相电动机。

转子是电动机的旋转部分，电动机的工作转矩就是从转子输出的，单相电容式电动机的转子由转子铁芯、转子绕组和转轴三部分组成（图 6.6）。

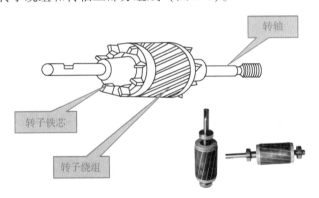

图 6.6　单相电容式电动机的转子组成

转子铁芯同样采用 0.5 mm 厚的硅钢片冲制成薄片后叠压形成。转子的外圆有槽口，用于放置转子绕组，绕组一般采用压铸的方法将纯铝压铸在转子铁芯槽内以代替导线，槽内导体及两端环称为转子绕组，这种转子称为笼形转子。当定子绕组中有电流流过时，转子中导体即在感应作用下产生转子电流，因此称为单相感应式电动机。

电动机前后盖主要起固定、支撑定子和转子的作用，前后盖装有含油轴承，使转子能够转动，且具有长期润滑作用。

由于电风扇的送风量、送风速度是通过改变电动机的转速来调节的，为了实现多种需要，要求电动机的调速范围要大，低速挡启动性能要好，噪声要低。

（2）摇头机构　普通电风扇扇头的摇头动作是由电动机驱动的。国家标准规定：扇叶直径为 250 mm 以下的电风扇摇头角度不小于 60°，300 mm 以上的电风扇的摇头角度不大于

80°，摇头机构由减速机构、四连杆机构和控制机构三部分组成，如图 6.7 所示。

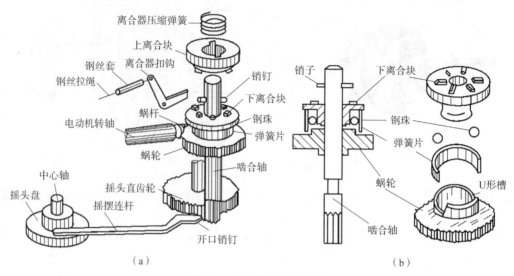

图 6.7　电风扇的摇头机构

①减速器　电风扇摇头机构的减速器采用两级减速，将电动机的高速旋转降低到摇头的 4~7 r/min，再经过四连杆机构，使电风扇获得每分钟 4~7 次的往复摇头。第 1 级采用蜗杆与蜗轮啮合连接传动减速；蜗轮在离合器咬合时，即带动与蜗轮同轴的牙杆运动，牙杆末端齿轮又与摇头盘齿轮啮合传动，完成第 2 级减速，从而带动摇头盘齿轮轴杆上的曲柄连杆做往复运动。

②四连杆机构　电风扇的摇头运动是依靠连杆机构来实现的。摇头连杆安装在电动机下方。与摇头齿轮、曲柄连杆、角度盘和扇头构成四连杆机构，驱使扇头沿弧线轨迹往复摆动。

③控制机构　电风扇的摇头与否是用控制机构操纵的，它可有多种结构形式。

离合器式摇头控制机构是通过操纵齿轮箱内上下离合块的离合作用来控制牙杆的传动，达到摇头的目的。它在牙杆轴上有一套离合装置，其中上离合块与螺杆用圆柱销固接；下离合块则与蜗杆滑动配合，并固定在与蜗杆啮合的位置上。

离合器通过软轴（联动钢丝）与翘板连接，利用开关箱上的旋钮进行控制。也可将蜗杆轴放长，并伸出扇头后罩壳，通过拉压蜗杆来改变离合器的离合状态，达到控制目的。

当离合器处于分离状态时，电风扇转轴端的蜗杆带动蜗轮和下离合块空转，而蜗杆和摇头齿轮处于静止位置，电风扇不摇头。当摇头控制旋钮处于摇头位置时，软轴放松，蜗轮带动蜗杆转动，使整个摇头机构动作，电风扇摇头。

为使摇头控制机构在受到外力或机件出故障时不致损坏、烧毁电动机，摇头机构都设有保护装置，电风扇的受阻保护装置由弹簧片、钢珠等组成。当电风扇摇摆受阻时，会发出"嗒嗒"声，这时蜗杆仍然带着蜗轮转动，由于弹簧片的压力小于受阻阻力，产生钢珠打滑，蜗轮也就不能带着离合器的下齿转动，从而避免蜗轮、蜗杆损坏，不使电风扇的故障进一步扩大。

2. 扇叶

扇叶（也称风叶）由叶片、叶架和叶片罩三部分组成。扇叶通过叶片适当的装置角及圆弧度，使叶片在旋转时空气产生一定的压力，形成气流。扇叶是电风扇的重要部分，它的大小与形状对电风扇的风速、风量、功率消耗、噪声及振动等性能都有很大影响。

目前，国内生产的台扇或落地扇大都采用 3 片扇叶，扇叶多呈阔掌形、阔刀形或狭掌形。叶面阔大，降低了叶片对空气的压强，有利于降低空气振动频率，减小噪声强度。

扇叶所用材料主要有金属和塑料两种。制造扇叶的材料应具有良好的弹性和一定刚度，多采用 1~1.5 mm 薄钢板或铝合金板整体或分片冲制而成，分片成型后铆合在叶架上，金属扇叶机械强度和刚性较好，运转性能稳定；塑料扇叶多采用工程塑料一次成型，具有易加工、耐腐蚀及重量轻等优点。

3. 网罩

电风扇网罩的主要作用是保证安全，防止人体触及扇叶发生事故，还能起到一定的装饰作用（图 6.8）。一般网罩分前后两部分。后网罩由 4 个螺栓紧固安装在扇头的前盖上，前网罩与后网罩由 6 个扣夹夹在一起。目前采用的网罩大部分是通过焊接而成的射线型结构，射线型网罩一般采用 72 根射线。

图 6.8　电风扇网罩

4. 升降机构与底座

台扇的立柱与底座一般采用铝合金压铸成型或用塑料成型。立柱上部安装扇头，底座上装有装饰面板及各种控制开关等。

落地扇的立柱装有升降机构，升降机构主要由内管、外管、调节头和弹簧组成。内管与开关箱连接，外管则固定在底座上，外管内设有长弹簧，用来支承开关箱与扇头的重量。

落地扇的底座一般做成圆形或长方形的金属体。

5. 控制部分

台扇的控制操作器件大都安装在底座的面板上，如调速开关、定时开关等。底座内装有电容器、电抗器、定时器等部件。落地扇的控制操作器件则安装在立柱上的开关箱里。

（1）调速开关　普通台扇的调速开关一般采用琴键开关，用来调节电动机的转速，具有美观耐用、操作方便等优点。琴键开关一般为 4 挡或 5 挡两种。琴键开关主要由键架、键杆、功能滑块与触点开关等构成（图 6.9）。琴键的自锁、互锁、复位功能通过键杆与不同功能滑块面的相互作用而完成。

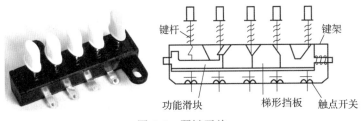

图 6.9　琴键开关

（2）定时器（图 6.10）　一般电风扇采用机械发条式定时器，主要由发条、减速轮系、摆轮等构成。机械式定时器常用的有 60 min 和 120 min 两种，一般定时器有以下几种状态，如图 6.11 所示。

图 6.10 定时器

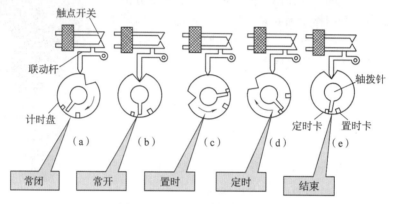

图 6.11 机械式定时器的状态

①常闭状态 将定时器旋钮反旋至"ON"位置，轴带动计时盘一起反旋至"ON"位置，联动杆上的 V 形凸头滑出计时盘的凹槽，将定时器内的触点闭合，使电风扇工作于常转不停的状态。

②常开状态 定时器旋钮处于"OFF"或回到"OFF"位置，联动杆上的 V 形凸头就滑入计时盘凹槽内，将定时器内的触点断开，使电风扇处于长期停转状态。

③置时状态 将定时器旋钮正旋至某一定时时间位置，轴带动计时盘一起正转一个定时角度，并且通过联动杆使定时器内的触点闭合，实现定时时间的设定。

④定时状态 设置定时时间后，定时器就靠发条储存的能量，使转轴自动地往初始的位置（OFF）方向回转，带动计时盘一起反转。在此过程中，定时器内触点一直闭合，使电风扇运转于定时的工作状态。

⑤结束状态 当定时器自动反转返回到"OFF"位置时，联动杆上的 V 形凸头再次滑入计时盘上的凹槽，使定时器内的触点断开，电风扇自动停止转动，实现了定时停转。

（3）电容器 电风扇电动机大多采用电容式单相交流异步电动机，启动绕组与电容器串联，启动与运行中，电容器都接在电路中，称此电容为运行电容器。电风扇电动机所用的电容器主要为金属纸介质和油浸纸介质无极性电容器。电容器工作电压规格为 350 V、400 V、450 V、500 V，电容量为 1 μF、1.2 μF、1.5 μF、2 μF、2.5 μF 等。

（4）电抗器 电抗器由线圈、支架、铁芯三部分组成，线圈绕在支架上，中间按调速比的要求抽几个头。线圈绕好后，将铁芯插入支架内，并经烘干、浸漆处理。铁芯用厚 0.5 mm 的硅钢片冲压成斜 E 字形，然后交叉插入支架内叠合而成（图 6.12）。线圈本身对交流有降压作用。

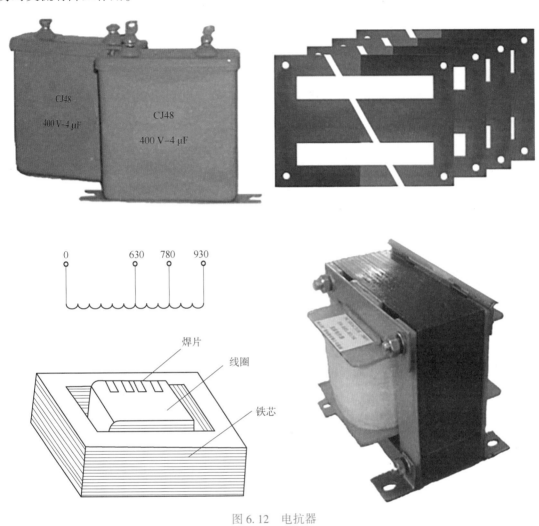

图 6.12 电抗器

三、电风扇的主要技术指标

1. 输出风量

输出风量是指电风扇在额定电压、额定频率与最高转速挡运转的条件下，每分钟输出的最小风量，单位是 m^3/min。

2. 使用值

使用值是指电风扇在额定电压、额定频率与最高转速挡的条件下，每分钟每瓦输出的最小风量，单位是 $m^3/(min \cdot W)$，它的大小是衡量电风扇性能的重要指标。

3. 启动性能

电风扇在额定电压、额定频率的条件下，应启动灵敏，在 3~5 s 内达到全速运转，且运转平稳，风压均匀。

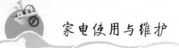

4. 调速比

调速比是指在额定电压下运转时，最低挡转速与最高挡转速的比值，以百分数表示：调速比＝（最低挡转速/最高挡转速）×100%。

调速比反映了电风扇高低挡转速差别的程度。如果调速比过大，说明高低挡转速没有明显差别，失去调速的意义；如果调速比过小，说明低速挡转速太低，会造成低速挡启动困难。

国家标准规定：250 mm 电容式台扇、壁扇调速比不应大于 80%，电容式吊扇调速比不应大于 50%。

5. 温升

温升指电风扇在额定电压、额定频率的条件下运转，各部位允许的最高温度与环境温度（规定取 40 ℃）的差值。

6. 电功率

电功率指电风扇在额定电压、额定频率的条件下以最高转速挡运转所消耗的电功率，即此时输入的电功率。

7. 噪声

合格的电风扇允许噪声应在 60 dB 以下。

8. 摇头角度与仰俯角

电风扇的摇头机构每分钟摇头不少于 4 次，不大于 8 次，且有摇和停的操作控制装置。摇头角度指左右摇摆的角度。250 mm 规格的电风扇摇头角度不应小于 60°，300 mm 以上规格的电风扇摇头角度不应小于 80°。仰俯角指扇头上仰与下俯的角度，台扇的仰角应不小于 15°。

9. 使用寿命

国家标准规定：电风扇在正常条件下，经过 5 000 h 连续运转后，应仍能运转。电风扇的摇头机构经 2 000 次操作，扇头轴向定位装置经 250 次操作，仰俯角或高度调节装置及螺旋夹紧件经 500 次操作后，均不得损坏零件及调节失灵。

10. 安全性能

国家标准规定：各种电风扇的绝缘性能一般为 A 级或 E 级绝缘，并且具有良好的防潮、耐压和接地特性。在高温（40 ℃±2 ℃）、高湿（93%±3%）状态下，绕组对机壳的绝缘电阻应不低于 2 MΩ，泄漏电流不得大于 0.3 mA。此外电风扇的外壳及网罩结构具有防止人身受到伤害和人体与带电部分接触时起到保护作用的功能。

四、电风扇的选购、使用与维护

1. 电风扇的选购

（1）看随机文件：包括使用说明书、产品合格证、装箱单等，购买时要按照装箱单清查、核对零部件的数量和质量。

（2）看网罩和扇叶是否有明显变形。

（3）看控制机构是否灵活。

（4）看活动部分性能：电风扇扇头仰俯角、摇头角度，运转稳定性要好。

（5）看启动性能：一台电风扇从启动到正常运转所需时间越短，风扇电机的启动性能越好。

（6）看运转及调速性能：电风扇在高、中、低速运转时，电机和扇叶都应平稳、震动小、噪声较低。

（7）看是否漏电：电风扇通电后，如果手触碰有强烈麻电感，不可选用。

（8）看电风扇连续运转性能：电风扇连续运转 2 h 后，如果机头外壳表面烫手，说明温度过高，不能选用。

2. 电风扇的使用注意事项

（1）风速不宜过大。

（2）不宜对人直吹。

（3）电扇宜吹吹停停，宜用摆头电扇。

（4）要注意出汗较多时，不要立即在静坐或静卧情况下吹风。

（5）启动电风扇时，最好先用快挡，待转速正常后，再调节到慢挡运行。

（6）在使用时，风扇最好放置在门、窗旁边。

（7）电风扇要防潮、防晒、防尘，停用的季节要包装好，放在通风干燥的地方。

3. 电风扇的日常维护

（1）清洁　用软布蘸少许肥皂水来抹掉油渍污物，再用干的软布擦净。

注意：清洁时切勿用酒精、天那水、苯或汽油等有机溶剂擦拭，以免损伤油漆，使表面失去光泽。

（2）存放　先仔细清除灰尘、油渍，然后用纸包好或放入纸箱内，置于干燥通风的地点单独储藏。

注意：不要堆压杂物，不能处于高温处。

（3）加油　电风扇每年使用前，均须拔出油孔的塑料油塞，加入 SAE20 号优质机油或缝纫机油数滴，以利润滑；减速箱润滑脂 3~4 年更换一次，更换前须用片类工具将旧油脂刮去。

 **任务实施**

1. 准备电风扇、基本拆装工具等实训器材。

2. 学生按 5~8 人分成工作小组，布置工作任务。

（1）阅读电风扇的说明书，了解电器的基本参数。

（2）观察电风扇的结构组成，分析电风扇的工作过程，并组内讨论其结构及工作原理。

（3）教师指导学生拆解电风扇，指导学生仔细观察内部零件。

3. 配合实训步骤，进行相关知识学习。

（1）观察电风扇结构组成及工作原理。

（2）阅读说明书并讨论，学习电风扇的使用方法。

（3）操作使用电风扇，掌握电风扇的使用与维护方法。

（4）拆解电风扇，学习电风扇中的主要结构件。

4. 学习总结与讨论。

同步测试

一、填空题

1. 台扇主要分成五个部分：_____、扇罩、_____、底座和控制部分。

2. 国家标准规定：250 mm 电容式台扇、壁扇调速比不应大于_____，电容式吊扇调速比不应大于_____。

二、判断题

1. 合格的电风扇允许噪声应在 80 dB 以下。　　　　　　　　　　　　　（　　）

2. 电风扇从启动到正常运转所需时间越短，电机启动性能越好。　　　（　　）

3. 电风扇外部清洁消毒可使用酒精擦拭。　　　　　　　　　　　　　　（　　）

任务二

吸油烟机的使用与维护

掌握吸油烟机的结构、工作原理与使用和维护。

任务分析

无论外形多么复杂或时尚的吸油烟机，其本质都是利用电动机把油烟吸走。吸油烟机要经常清洗维护，才能保持良好的使用效果。

吸油烟机

相关知识

吸油烟机也称烟机、排烟罩、抽油烟机，是专供厨房使用的电动器具，它能迅速有效地排除厨房由于烹饪所产生的油烟和有害气体，保持厨房的清洁卫生和空气清新。

一、吸油烟机的分类

1. 按外观分

吸油烟机可分为五种：中式烟机、欧式烟机、侧吸式烟机、L 形烟机、智能烟机。

（1）中式烟机　主要为老式浅、深吸式吸油烟机。浅吸式吸油烟机就是普通排气扇，是直接把油烟排到室外，为主要淘汰的对象。深吸式吸油烟机最大的问题是占用空间，另外还有噪声大、容易碰头、滴油、油烟抽不干净、使用寿命短、清洗不方便、对环境污染大等缺点（图 6.13）。

图 6.13　中式烟机

（2）欧式烟机　欧式烟机利用多层油网（5~7 层）过滤，增加电机功率以达到最佳效果，一般功率都在 200 W 以上（图 6.14）。特点是：外观漂亮，价格较贵，适合高端用户群体。

图 6.14　欧式烟机

（3）侧吸式烟机　侧吸式烟机优点是不容易碰头，外观时尚，吸烟口接近油烟发生点，吸排效果好，受年轻人喜欢。缺点是设计不好的话，底部容易积油，凸起部分容易影响操作（图 6.15）。

图 6.15　侧吸式烟机

（4）L形烟机　针对侧吸式的问题改进而来的L形油烟机，将原本的一个侧面凸出吸风改为上下两个吸风口。主吸烟口在下方，将吸力集中在下部接近油烟发生点的区域内，在油烟发生扩散以前就集中几乎所有力量将它吸走，极少部分没有被吸入的油烟顺着导烟板升腾至顶部被副吸烟口抽走（图6.16）。

图6.16　L形烟机

（5）智能烟机　智能烟机采用现代工业自动控制技术、互联网技术与多媒体技术的完美组合，为现代智能厨房提供了样板，带领现代厨房步入娱乐与享受的动感时代，但是距离实际普及还有一定的距离（图6.17）。

图6.17　智能烟机

2. 按风机的机型分

吸油烟机可分为轴流式和离心式两种。轴流式风机一般配浅型罩，风量大，风压小；离心式风机风压大。市场上出售的吸油烟机主要以离心式为主，因此在机型上选择的余地不大，一般都是外排式。

3. 按结构形式分

市场上的吸油烟机有深型、薄型、柜式三种类型。

深型吸油烟机排烟率高，能与不同风格的现代厨房家具匹配，深型外罩能更大范围地抽吸烹饪油烟，其机身便于安装功率强劲的电机，这使得油烟机的吸烟率大大提高。

薄型吸油烟机重量轻、体积小、易悬挂，但其薄型的设计和较低的电机功率，使相当一部分烹饪油烟不被纳入抽吸范围，有机会逃逸于室内，其排烟率明显低于其他两类机型。

柜式吸油烟机由排烟柜和专用油烟机组成，油烟柜呈锥形，当风机开动后，柜内形成负压区，外部空气向内部补充，排烟柜前面的开口就形成一个进风口，油烟及其他废气无法逃出，提高了油烟和氮氧化物的抽净率。

4. 按电机数量分

吸油烟机有单电机和双电机两种。

5. 按控制方式分

吸油烟机分为机械开关控制型和电子开关控制型两种。

二、吸油烟机的基本结构

吸油烟机主要由风机系统、滤油装置、控制系统、外壳、照明灯、排气管等组成，具体结构如图 6.18 所示。

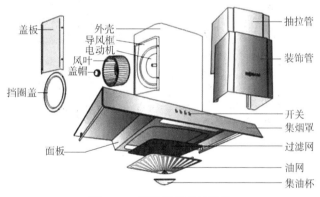

图 6.18　吸油烟机具体结构

吸油烟机的风机系统主要由电动机、风叶、导风框等组成。电动机是吸油烟机的主要部件，通常采用电容式单相异步电动机，功率在 30～100 W 之间。

吸油烟机的风叶大都用离心式风叶，即利用离心式抽气扇将油烟吸进，滤除油污成分，再经过排气管排出室外。电动机与风叶的性能决定吸油烟机的排烟效果。目前，单电动机吸油烟机的排风量普遍都在 13 m/min 以上。国家标准规定：在额定电压和额定频率下，吸油烟机以最高挡转速运转，在特定的试验装置中，当静压值为零时对应的排风量不低于 7 m/min；风压大于或等于 80 Pa；噪声不大于 74 dB。

吸油烟机的滤油装置由储油盒、排油管和集油杯组成。吸油烟机将吸入的油烟分离后，油污成分被甩向储油盒，顺着排油管流入集油杯。

吸油烟机的控制系统一般由 4～5 挡琴键开关连接有关元件构成，可进行高速、低速、停止及照明控制或进行左、右、自动、停止、照明控制等。

三、工作原理

吸油烟机安装于炉灶上部，接通吸油烟机电源后，电机驱动，使得风轮作高速旋转，将室内的油烟气体吸入吸油烟机内部。油烟气体经过油网过滤，进行第一次油烟分离，然后进入烟机风道内部，通过叶轮的旋转对油烟气体进行第二次的油烟分离，风柜中的油烟受到离心力的作用，油雾凝集成油滴，通过油路收集到油杯，净化后的烟气最后沿固定的通路排出（图6.19）。

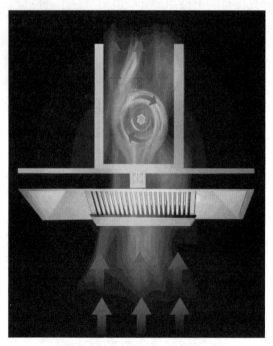

图 6.19　吸油烟机工作原理

四、吸油烟机的选购参数

1. 排烟率

厨房油烟对人体的呼吸系统会产生伤害，有资料显示，中国因呼吸系统疾病而死亡者占各类死亡原因的首位，煤烟型氟中毒、砷中毒已成为某些地区居民的地方病。安装吸油烟机的目的就是为了在烹饪中抽走油烟，减少室内污染，因此在选择机型时首先就要选择排烟效率高的。

2. 负压

吸油烟机的负压越大，吸烟能力越强。市场上的吸油烟机因结构的不同产生的"负压区"也不同，大多数深型吸油烟机的负压区域约为 0.14 m^3，其排烟效率为60%左右，柜式吸油烟机的负压区域约为 0.32 m^3，排烟效率大于95%。因此，要选择负压大的吸油烟机。

五、吸油烟机的使用

许多用户在烹调时，只开几分钟就关了吸油烟机，这不能发挥它的作用，正确的使用方法是：只要烹调一开始即应打开，直到整个烹调结束后再经过 5~6 min，才能关机。因为在吸油烟机停用的情况下，只要燃烧几分钟，氮气化合物就超过标准 5 倍，而一氧化碳气体可超过标准的 65 倍以上，因此在烧菜煮饭过程中，吸油烟机应全程工作，而不能时开时停。至于烹调结束后，仍需工作几分钟的原因是为了将厨房内残留的有害气体最大限度地排出去，不使其滞留在厨房内，以防危害人体健康。

六、吸油烟机的清洗方法

（一）拆卸清洗

1. 机身

买回来的新吸油烟机在启用前，可以先在储油盒里撒上薄薄一层肥皂粉，再注入约三分之一的水，这样，回收下来的油就漂在水面上，而不是凝结在盒壁上了，等废油将满，倒掉后再如法炮制。

吸油烟机使用一段时间之后，如果机身摸上去手感发黏，就是到了要清洁机身的时候了。由于油污与机身之间已作过防护涂层，因此，用 80 ℃的热水直接清洗机身，油污就会先洗下来。清洁工作结束后，再涂一遍洗洁剂在机身上，要涂得稍厚，湿度控制在不滴挂即可，然后在开关键上覆盖保鲜膜。

2. 储油盒

吸油烟机储油盒里的废油，过滤出最上面的一层，就是清洁换气扇、灶台和吸油烟机污渍的最佳除油剂。具体的做法是用破布或破毛巾蘸取废油涂抹于油污处，浸泡约半分钟后用布擦掉，然后用干净的百洁布拭亮，这时吸油烟机的机身即恢复光亮。

除了上面提到过的储水清洁法外，在盒内贴上一层保鲜膜或在储油盒的内壁上套上一只装芦柑的小塑料袋，保证塑料膜或塑料袋完全盖住盒内表面，"兜得住"吸附的废油，那么，隔一段时间抽起置换，储油盒基本就是干净的。

3. 油网

保护扇叶片的油网可用螺丝刀慢慢卸下来，喷上油烟净后放入塑料袋中，静置 15 min后取出，在盆内注入 80 ℃的热水后用抹布仔细清洗。若油网上油垢很厚，也可以用薄竹片轻轻刮下一部分油垢后再行清洗。

4. 扇叶

油烟净对机身和风叶上的油污有很强的皂化和乳化能力，将吸油烟机下面的台面用报纸覆盖后，在机身和风叶上喷上油烟净，几分钟后开一下吸油烟机，利用风扇的离心力将油烟净和溶下的污油抽走，再用湿纸巾擦拭一遍，机身和风叶的清洁就做到了家。但是，油烟净毕竟是一种化工用品，对皮肤和呼吸道黏膜有一定的刺激作用，还是少用为好。以下介绍四种免用油烟净的风扇去油法：

（1）洗洁精、食醋浸泡法。将扇叶小心拆下，浸泡在用 2 mL 洗洁精和 50 mL 食醋混合的一盆热水中，浸泡约 15 min 后，再用干净的抹布擦洗。吸油烟机的机身也用此溶液清洗，要注意将溶液湿度保持在 60 ℃ 左右，去污力才好。这种自行调配的清洗液被证明对手部皮肤和眼内黏膜无刺激，对吸油烟机无腐蚀，清洗后表面仍保持原有光泽。

（2）高压锅蒸汽冲洗法。高压锅内放半锅冷水，烧沸，待有蒸汽不断排出时取下限压阀，打开吸油烟机将蒸汽水柱对准旋转着的风叶，由于高热蒸汽不断冲淋风叶，油污水就会循着排油槽流入废油盒里。

（3）将刷洗好的风叶晾干后，涂上一层办公用胶水，使用几个月后将风叶上的油污成片撕下来，油污全沾在胶水层上，既方便又干净。

（4）先在灶台上铺报纸，打开吸油烟机的开关预热风叶两分钟，往吸油烟机的风扇上喷洗洁精，关掉吸油烟机，静置 3 min，再将 60 ℃ 的热水喷入吸油烟机的风扇内，再打开开关，让已溶解的油污滴到储油盒中。

（二）无拆卸清洗

（1）取一个塑料瓶（能够用手捏扁的各种饮料瓶都可以），用缝衣针在盖上戳 10 余个小孔，然后，装入适量的洗洁精，再加满温热水摇动均匀。

（2）启动吸油烟机，用盛满洗洁精的塑料瓶朝待洗部位喷射清洗液，此时可见油污及脏水一道流入储油斗中，随满随倒。

（3）瓶内的清洗液用完之后，继续配制，重复清洗。直至流出的脏水变清为止，视积垢程度，一般清洗 3 遍就可冲洗干净。

（4）如风叶外装有网罩，宜先将网罩拿下以加强洗涤效果。

（5）用抹布揩净吸气口周围、机壳表面及灯罩等处。

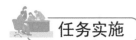 **任务实施**

1. 准备吸油烟机、基本拆装工具等实训器材。

2. 学生按 5~8 人分成工作小组，布置工作任务。

（1）阅读吸油烟机的说明书，了解电器的基本参数。

（2）观察吸油烟机的结构组成，分析风扇的工作过程，并组内讨论其结构及工作原理。

（3）教师指导学生拆解吸油烟机，指导学生仔细观察内部零件。

3. 配合实训步骤，进行相关知识学习。

（1）观察吸油烟机结构组成及工作原理。

（2）阅读说明书并讨论，学习吸油烟机的使用方法。

（3）操作使用吸油烟机，掌握吸油烟机的使用与维护方法。

（4）拆解吸油烟机，学习吸油烟机中的主要结构件。

4. 学习总结与讨论。

 **同步测试**

一、填空题

1. 按照外观来分，吸油烟机可以分为_____、_____、_____、_____和_____五种。

2. 按结构形式分，市场上的吸油烟机有 ＿＿＿＿＿＿＿＿ 、 ＿＿＿＿＿＿＿＿ 和 ＿＿＿＿＿＿＿＿ 三种类型。

3. 吸油烟机的电机功率在 ＿＿＿＿＿＿＿＿ 之间。

二、 判断题

1. 吸油烟机的排烟率越高，吸油烟的效果越好。　　　　　　　　　　（　　　）

2. 吸油烟机的负压越大，吸油烟的效果越好。　　　　　　　　　　　（　　　）

3. 吸油烟机只在烹调的时候使用即可，随用随开，用完即关。　　　　（　　　）

任务三
洗衣机的使用与维护

任务描述

掌握洗衣机的类型、结构、工作原理、使用和维护。

 任务分析

洗衣机

实际动手拆装一台洗衣机，掌握其结构；实际操作不同类型的洗衣机，比较一下各自的优缺点。

一、洗衣机的类型与规格

洗衣机是现代家庭必备的家用电器之一。随着科学技术的发展，洗衣机的自动化程度也不断提高，利用微电脑、传感器和模糊逻辑控制技术，洗衣机由简单的"能洗衣"，发展到具有高洗净度、低磨损率、健康型、智能化等高层次功能，满足了不同类型的客户需求。

（一）洗衣机的类型

1. 按照洗衣机的自动化程度分类

按照自动化程度，洗衣机可以分为普通洗衣机、半自动洗衣机和全自动洗衣机。

（1）普通洗衣机是指洗涤、漂洗、脱水各功能的转换都需要人工操作的洗衣机，它装有定时器，可根据衣物的脏污程度预定洗涤、漂洗和脱水的时间，预定时间到即自动停机。这类洗衣机具有结构简单、价格便宜、使用方便等优点，适合一般家庭使用。普通洗衣机在洗涤脱水过程中，仅起着省力的作用，进水、排水及将衣物从洗涤桶取出放入脱水桶均需人工完成。

（2）半自动洗衣机是指洗涤、漂洗、脱水各功能中，至少有一个功能的转换需用手工操作而不能自动进行的洗衣机。一般由洗衣和脱水两部分组成，在洗衣桶中可以按预定时间自动完成进水、洗涤、漂洗直到排水功能，但脱水时，则需要人工把衣物从洗衣桶中取出放入脱水桶进行脱水。

（3）全自动洗衣机是指洗涤、漂洗、脱水各功能的转换都不需要手工操作，完全是自动进行的洗衣机。在选定的工作程序内，整个洗衣过程是通过程控器发出各种指令，控制各个执行机构的动作而自行完成。

2. 按照洗涤方式分类

按照洗涤方式，可将洗衣机分为波轮式、滚筒式、搅拌式三大类。据统计，波轮式、滚筒式、搅拌式全自动洗衣机分别占全球洗衣机市场份额的33%、52%和15%。由于使用习惯及地域性的因素，搅拌式洗衣机目前在我国占有的份额很小。

（1）波轮式洗衣机又称为波盘式洗衣机，依靠波轮定时正反向转动或连续转动的方式进行洗涤。其优点是洗净率高，结构简单，价格低，体积小，重量轻，耗电省；其缺点是用水量大，洗衣量小，缠绕率高，衣物磨损也较大。

（2）滚筒式洗衣机是将被洗涤的衣物放在滚筒内，部分浸入水中，依靠滚筒定时正反转或连续转动进行洗涤的洗衣机。其优点是对衣物磨损小，特别适于洗涤毛料织物，用水量小，并且大多有热水装置，便于实现自动化；其缺点是洗涤时间长，在相同条件下与波轮洗衣机相比洗净率较低，耗电量大，结构复杂，价格高。

（3）搅拌式洗衣机又称为摇动式洗衣机。通常在洗衣桶中央竖直安装有搅拌器，搅拌器绕轴心在一定角度范围内正反向摆动，搅动洗涤液和衣物，类似手工洗涤的揉搓。这类洗衣机的优点是洗衣量大，功能比较齐全，水温和水位可以自动控制，并备有循环水泵；其缺点是耗电量大，噪声较大，洗涤时间长，结构比较复杂。

3. 按照结构形式分类

按照结构形式，洗衣机可以分为单桶/双桶普通型、多桶型、全自动波轮式和前装式全自动滚筒式、顶装式全自动滚筒式等。

（二）洗衣机的型号与规格

国产洗衣机的型号由6部分组成（图6.20）。其含义如下：

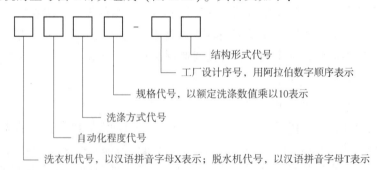

（1）类别代号　洗衣机代号为汉语拼音字母 X，脱水机代号为 T。

（2）自动化程度代号　P 表示普通型，B 表示半自动型，Q 表示全自动型。

（3）洗涤方式代号　B 表示波轮式，G 表示滚筒式，J 表示搅拌式。

（4）规格代号　它表示洗衣机额定洗涤（或脱水）容量的大小。额定洗涤（或脱水）容量是指衣物洗涤前干燥状态下所称得的重量，以 kg 为单位，标准的规格分别为 1.0、1.5、2.0、2.5、3.0、4.0、5.0，共 7 个级别。洗衣机型号中的数字是以规格容量乘以 10 表示的，即去掉小数点，如额定洗涤容量为 2.0 kg，则代号表示为 20。

（5）工厂设计序号　工厂设计产品的序号。

（6）结构形式代号　S 表示双桶，单桶则不标。

在脱水机型号中，略去（2）、（3）、（6）部分。

例如，XPB20-4S 型洗衣机，表示洗涤容量为 2 kg 的波轮式普通型双桶洗衣机，4 表示是该生产厂家的第四代产品。XQG50-4 表示洗涤容量为 5 kg 的全自动滚筒式洗衣机，属于第四代产品。

图 6.20　洗衣机的型号

（三）洗涤原理

洗衣机的洗涤原理是由模拟人工手搓衣物的原理发展而来的，即通过翻滚、摩擦、水的冲刷和洗涤剂的表面活化作用，将衣物上附着的污垢除掉，从而达到洗净衣物的目的。

洗涤衣物的过程在于破坏污垢在衣物纤维上的附着力并脱离衣物，这个过程可概括如下：

$$\underbrace{衣物 \cdot 污垢 + 洗洗剂}_{洗涤前} \xrightarrow{\text{外力作用下}} \underbrace{衣物 + 污垢 \cdot 洗洗剂}_{洗涤后}$$

衣物上的污垢主要来自人体的分泌物和外界环境的污染，包括可溶于水的人体分泌物、食物、可用溶剂或洗涤剂除去的油质性污垢（如矿物油、动植物脂肪等）以及一些不溶于有机溶剂或洗涤剂的固体污垢（如尘埃、泥土、沙石等）。这些固体污垢被洗涤剂分子吸附，而脱离被洗涤的衣物。

可见，为了使污垢与衣物分离必须借助于外界力的作用，来降低和破坏污垢与衣物之间的各种结合力，使衣物上的污垢从纤维缝隙中分离出来。

（四）洗衣机的主要技术指标

1. 洗涤性能参数

（1）额定洗涤容量　又称为额定洗衣量，是指洗衣机在正常洗涤条件下，能够洗涤的干衣物的最大重量，单位为 kg。

（2）额定水量　指洗涤额定衣量时所需要的水量，单位为 L 或 kg，额定洗衣量与额定

127

水量之比取 1∶20（波轮式）或 1∶13（滚筒式）。

（3）洗净性能 用洗净比来衡量洗衣机的洗净性能。它由被测洗衣机的洗净率与参比洗衣机的标准洗净率的相对比值决定。国家标准规定洗衣机的洗净比不小于 0.8。

（4）织物磨损率 磨损率是衡量洗衣机对衣物的机械磨损程度的指标。它是通过测量在洗涤水及漂洗水中过滤所得分离纤维及绒渣的重量，以此来确定洗衣机对标准织物的磨损程度。即磨损率（%）等于过滤所得纤维及绒渣的重量（kg）与额定负载布的重量（kg）之比值。波轮式洗衣机的磨损率不得大于 0.2%。

（5）脱水率 脱水率是指额定脱水容量与额定脱水容量的洗涤物脱水 5 min 后的重量的比值。在洗衣机性能测试中，一般是先称取干的额定洗涤物重量，经洗涤、脱水后再次称量，然后求出两次称重的比值，以确定其脱水率。脱水率较高，表明洗衣机对洗涤物的脱水程度越大。离心式脱水桶的脱水率应大于 45%。

2. 电气性能参数

（1）额定电压 指洗衣机工作时使用的电压，如单相交流 220 V、50 Hz。

（2）额定电流 指洗衣机满载工作时，在额定电压的条件下所使用的电流值，单位为安［培］（A）。

（3）额定功率 洗衣机铭牌上标明的额定功率指洗衣机电动机轴上输出的功率，对于使用两台电动机（洗涤电动机与脱水电动机）的洗衣机，则分别标明洗涤功率和脱水功率。

（4）绝缘电阻 洗衣机带电部分与非带电的机箱金属部分之间的绝缘电阻值，规定用 500 V 绝缘电阻表测量，热态和潮态时的绝缘电阻都不应小于 2 MΩ，冷态或干燥时的绝缘电阻应大于 10 MΩ。

（5）温升 电动机温升，E 级绝缘时不超过 75 ℃；电磁阀的温升，B 级绝缘不超过 80 ℃。

3. 其他性能参数

（1）定时器指示误差 5 min 脱水定时器误差应不超过±1 min；15 min 洗涤定时器误差不应超过±2 min；程序控制器的定时误差应不超过±2 min。

（2）排水时间 在洗涤桶中注入额定洗涤水量。在不放入洗涤物的情况下，容量 2.5 kg 以下的洗衣机排水时间不超过 2 min；容量 3.5 kg 的洗衣机排水时间不超过 3 min。

（3）噪声 洗衣机在洗涤、脱水时噪声均不应大于 75 dB。

（4）振动 洗衣机在额定工作状态下运转达到稳定时，用测振仪测量机箱前后左右各侧面中心部位的振幅，应不大于 0.8 mm；机盖中心部位的振幅应不大于 1 mm。

（5）制动性能 离心式脱水装置和脱水机，在额定负载情况下使脱水桶转速达到稳态时，其线速度超过 40 m/s，桶转速超过 60 r/min 时，洗衣机应装有防止机盖或机门打开装置，当机盖或机门打开超过 12 mm 时，脱水电动机应能断开电源并且脱水桶转速不能超过 60 r/min。

二、普通双桶波轮式洗衣机

普通双桶波轮式洗衣机主要由箱体、洗衣桶、脱水桶、波轮、洗涤电动机、传动机构、控制机构（包括定时）、排水机构等部分构成，如图 6.21 所示。

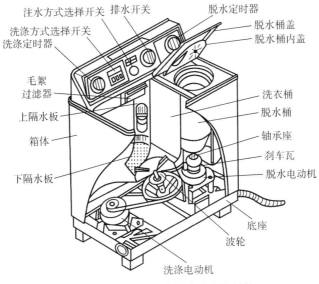

图 6.21　普通双桶波轮式洗衣机结构

三、全自动波轮式洗衣机

全自动波轮式洗衣机通常采用将洗涤（脱水）桶套装在盛水桶内的同轴套桶式结构，即在外桶内部有一脱水桶，脱水桶底部有一波轮，套桶波轮结构有 L 形波轮式、U 形波轮式等不同形式。整机由洗涤、脱水系统，进、排水系统，电动机和传动系统，电气控制系统，以及支承机构五大部分组成，其结构如图 6.22 所示。

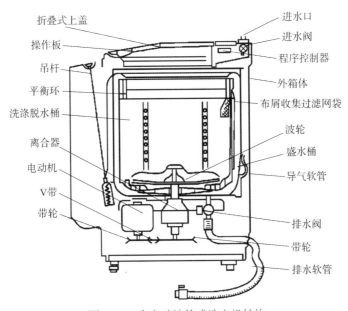

图 6.22　全自动波轮式洗衣机结构

四、全自动滚筒式洗衣机

全自动滚筒式洗衣机基本结构从整体上可分为洗涤部分、传动部分、操作部分、支承部分、给排水系统和电气部分，如图 6.23 所示。

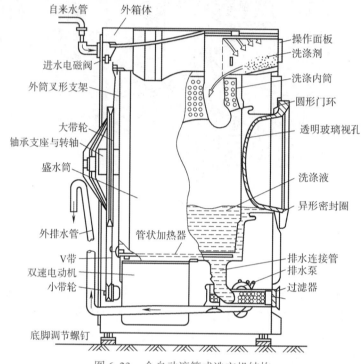

图 6.23　全自动滚筒式洗衣机结构

五、洗衣机新技术

1."离心力" 洗衣机

为解决使用波轮式或滚筒式洗衣机洗涤，衣物往往会出现缠绕、磨损和变形等诸多问题，目前市场上出了一种"离心力"洗衣机。这种洗衣机通过洗涤内桶的高速运转，产生出离心力高速穿透水流来洗涤衣物，以达到去除污垢的目的。在整个洗涤过程中，衣物紧贴桶壁，与内桶同步运转，始终处于相对静止状态，从而彻底避免了缠绕、磨损、变形等问题，而且省水、省电、静音。即使是一张薄薄的纸巾，经过离心式洗衣机长达数十分钟的洗涤后，仍然可以保持完好无损。因此有人认为，这种同时具备离心力及波轮式两种洗涤方式的洗衣机有望成为 21 世纪洗衣机的发展方向。

2."手搓式" 洗衣机

实践表明，就洗涤效果来看，还是最传统、最古老的"手工搓洗"的洗净度最高。70%以上的用户在使用洗衣机时，都习惯于将特别脏的部位如衣领、袖口等处先用手工搓洗后再进行洗衣机处理。

最新推出的"手搓式"全自动洗衣机，打破了仅仅依靠波轮或内筒旋转洗涤衣物的方式。该种洗衣机采用独创的"双向旋转、双倍搓洗"新技术，通过内桶与波轮同时进行双向旋转，形成酷似人的双手在轻揉细搓衣物的"手搓式"水流，有效模仿人工洗涤的力度和快慢，实现了立体全方位双倍搓洗，大大提高了衣物的洗净度，基本上达到了手洗的效果，使洗衣机更具"人性化"。

3. 超声波洗衣机

为提高污垢与衣物的分离度，目前出现了装有超声波发生器和气泡发生装置的洗衣机。它是利用超声波产生的空穴现象和振动作用，以及在洗涤液中的气泡上产生的乱反射特性工作的。超声波振动时，其强大的空化效应与少量洗涤剂的表面活性共同产生去污作用，以提高洗涤效果。

六、洗衣机的使用与维护

1. 保养润滑

为使洗衣机长期运转正常好用，必须按时认真进行正确的润滑维护保养，需要润滑的地方主要是轴承和齿轮，轴承需由注油孔注入抗磨性和抗氧化安定性好的防锈抗氧化润滑油，一般 2~3 年加油一次，如用一般机械油则需每年加油一次。齿轮则应用黏附性好的极压锂基润滑脂，或油性好的、加质量分数为 1% 的二烷基二硫代磷酸锌，或质量分数为 3% 的中等极压抗磨齿轮油进行润滑。脱水机的轴承和齿轮都应每年或半年加入抗氧化防锈抗磨性好的润滑油。用密封滚动轴承的，则应由轴承厂封入使用寿命在 1 000 h 以上的聚脲基稠化精制石油润滑油，并加防锈抗氧化剂的润滑脂。

2. 除垢事项

洗衣机内看上去非常清洁，但洗衣时洗衣筒的外面还套有一个外套筒，洗衣水就在这两层中间进进出出，水在这夹层内排出，夹层里面污垢十分严重。

洗衣机夹层实际就像下水道，它的污垢主要由水垢、洗衣剂游离物、纤维、有机物质、灰尘、细菌等垃圾组成，这些大杂烩坚固地附着在洗衣机夹层内，在常温中繁殖、发酵，洗衣时会污染衣物进而带给人体，甚至会让人皮肤瘙痒过敏。清洗时将三水壶用量的水用除垢剂倒在一个空容器中，按除垢剂/水 = 1/2 的比例配制并搅拌均匀。把混合好的除垢剂溶液从洗涤剂添加盒倒入，注意不要溅到皮肤上。然后按下洗衣机电源开关，将程序设定至"洗衣程序"（时间选择最长），使洗衣筒旋转；待除垢液从排水管排到桶里后，再将排出的除垢液从洗涤剂添加盒加入，如此反复多次，直至程序完毕，打开过滤器清洗过滤网。

机器运行完毕后，将进水阀打开，排水管恢复至原位。重新选择洗衣程序，使洗衣机再次运转，待程序运行完毕，再次清洗过滤网。至此，除垢完毕。

不过，洗衣机滚筒因受除垢液的作用，表面会略呈暗乌色，但不会影响正常使用，洗几次衣服后即可恢复原状。

3. 如何清洗

通常人们只知道洗衣机是用来洗衣的，但大多数人不知道洗衣机也是需要清洗的，随着近些年来，中国的食品安全、饮水安全、奶粉安全等问题的曝光，人们日益对健康生活开始重视，本是要洗脏衣服的洗衣机却也变成了污"水"，越洗越脏，导致人们开始注重洗衣机的清洗问题。

洗衣机清洗方式常见有两种：一是请专业维修工人拆卸洗衣机槽进行清洗，这种方式成本较高，也比较麻烦；另一种是使用专业的高除菌率的洗衣机槽清洁剂进行清洗，去污除菌一步完成，操作简单有效。另外，还有一种更有效的方式：直接使用免清洗洗衣机，这类洗衣机能够防止污垢在内外桶壁上附着和沉积，可以保持内外桶壁的持久清洁。用户不需要自己专门费力、花钱去清洗洗衣机内外桶，就能达到洗衣机免清洗的目的。

4. 使用维护常识

（1）洗衣机使用前应先仔细阅读产品说明书。使用时洗衣机应放在平坦踏实的地面上，且距离墙和其他物品必须保持 5 cm 以上。

（2）洗涤物应按材质、颜色、脏污程度而分类、分批洗涤。

（3）洗衣前，要先清除衣袋内的杂物，防止铁钉、硬币、发卡等硬物进入洗衣桶；有泥沙的衣物应清除泥沙后再放入洗衣桶；毛线等要放在纱袋内洗涤。

 任务实施

1. 准备洗衣机、基本拆装工具等实训器材。

2. 学生按 5~8 人分成工作小组，布置工作任务。

（1）阅读洗衣机的说明书，了解电器的基本参数。

（2）观察洗衣机的结构组成，分析洗衣机的工作过程，并组内讨论其结构及工作原理。

（3）教师指导学生拆解洗衣机，指导学生仔细观察内部零件。

3. 配合实训步骤，进行相关知识学习。

（1）观察洗衣机结构组成及工作原理。

（2）阅读说明书并讨论，学习洗衣机的使用方法。

（3）操作使用洗衣机，掌握洗衣机的使用与维护方法。

（4）拆解洗衣机，学习洗衣机中的主要结构件。

4. 学习总结与讨论。

 同步测试

一、填空题

1. 按自动化程度，洗衣机可以分为_____、_____和_____。

2. 按照洗涤方式可将洗衣机分为_____、_____和_____三大类。

3. 洗衣机的洗涤性能参数有_____、_____、_____、_____和_____。

4. 型号为 XQG50-4 的洗衣机表示洗涤容量为_____kg 的全自动滚筒式洗衣机，属于第_____代产品。

二、判断题

1. 洗涤效果来看，还是最传统、最古老的"手工搓洗"的洗净度最高。（　　）

2. 滚筒式洗衣机优点是洗净率高，对衣物磨损小，结构简单，价格低，体积小，重量轻，耗电省；其缺点是用水量大，洗衣量小，缠绕率高，衣物磨损也较大。（　　）

3. 使用洗衣机洗涤时，洗涤物应按材质、颜色、脏污程度而分类、分批洗涤。（　　）

4. 所有全自动洗衣机都有自洁功能，都是免清洗洗衣机。（　　）

 项目评价

序号	任务	分值	评分标准	组评	师评	得分
1	电风扇的使用与维护	30	1. 介绍电风扇的结构组成及工作原理 2. 描述电风扇的使用方法及注意事项 3. 正确操作使用电风扇			
2	吸油烟机的使用与维护	30	1. 介绍吸油烟机的结构组成及工作原理 2. 描述吸油烟机的使用方法及注意事项 3. 正确操作使用吸油烟机			
3	洗衣机的使用与维护	30	1. 介绍洗衣机的结构组成及工作原理 2. 描述洗衣机的使用方法及注意事项 3. 正确操作使用洗衣机及用后清洁维护			
4	小组总结	10	分组讨论，总结项目学习心得体会			
指导教师：				得分：		

答案

项目七　制冷器具的使用与维护

制冷器具的使用与维护

【项目介绍】

　　制冷技术的发展，迄今大约有 100 多年的历史。而小型家用、商用制冷器具——电冰箱与空调器的发展，也已有了近 80 年的历史。现在，电冰箱与空调器已成为现代家庭不可缺少的家用电器。随着人们生活水平的不断提高，电冰箱、冷藏柜、空调器、除湿器等小型制冷器具正越来越多地进入市场，进入家庭。本项目重点介绍现代家庭常用的制冷器具，通过对家庭常用制冷器具基本知识的讲解，介绍制冷器具的使用与维护方法，便于更加有效安全地使用家庭制冷器具。

【知识目标】

　　1. 了解制冷相关基本知识。
　　2. 了解常用家用制冷器具的功能。
　　3. 理解常用家用制冷器具的结构组成。
　　4. 掌握常用家用制冷器具的主要工作参数。
　　5. 熟悉常用家用制冷器具的工作原理。

【技能目标】

　　1. 掌握常用家用制冷器具的使用方法。
　　2. 会根据使用情况合理使用调节家用制冷器具。
　　3. 能够根据家用制冷器具使用情况，简单维护、保养家用制冷器具。
　　4. 能简单判断常见家用制冷器具的故障原因。

【素质目标】

　　1. 培养善于观察、乐于动手的良好习惯。
　　2. 培养互相信任、互助协作的团队意识。
　　3. 培养勤于思考、严守规范的科学精神。

　　电冰箱与空调器是制冷与空调技术的实际应用产品之一，是由于社会生产和人民生活的需要产生和发展的。它的产生和发展丰富了人们日益增长的物质生活和精神生活，促进了社会生产和科学技术的进步。很早以前，人类就利用天然冷源（冬季贮藏的冰雪）来保存新鲜食品，夏季利用温度较低的地下水来防暑降温。随着生产和生活的需要，天然冷源远不能满足实际的需要，迫使人们去实现人工制冷，调节空气温度。

　　现代社会空调、电冰箱的广泛使用带给了我们舒适的室内可调温度和保质时间更长的新鲜食材，但是如果没有合理使用空调、电冰箱，同样会给我们带来诸如空调病、室内空气污浊、耗电高、食材滋生细菌、冰箱异味、冷冻室结霜严重等一系列问题。这些制冷器具为什么能够调节室内和食物的温度？我们又该如何正确地使用电冰箱、空调等家用制冷器具呢？

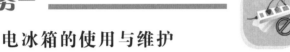

任务一
电冰箱的使用与维护

　　电冰箱作为现代家庭储存保鲜食物的重要家庭制冷设备，广泛使用在现代家庭中。为了便于大家了解电冰箱的工作原理，更好地使用、调节、维护电冰箱，本任务将重点讲解电冰箱的相关知识及使用方法。

 ## 任务分析

　　观察电冰箱的基本组成形式以及各元器件的功能，从简单的电冰箱使用方法入手，通过观察电冰箱的工作过程，结合理论知识的讲解，从而了解电冰箱的相关知识。

 ## 相关知识

一、电冰箱的分类

　　电冰箱的种类很多，按制冷方法分为压缩式电冰箱、吸收式电冰箱和半导体制冷电冰箱等；按箱体形式分为立式电冰箱、卧室电冰箱、台式电冰箱等。目前，家用电冰箱绝大多数为压缩式立式电冰箱。

（一）按制冷方式分类

1. 直冷式电冰箱

食物直接接收蒸发器的冷量，通过箱内空气的自然对流进行热量的交换。

2. 间冷式电冰箱

蒸发器设在冷冻室与冷藏室的夹层，食物放在箱内而不是放在蒸发器内，装有一台微型电风扇，强制箱内冷气反复循环冷却食物。还装有自动除霜装置，这种电冰箱称无霜电冰箱。它的优点主要有：

（1）箱内壁和食物表面无霜，传热效率高。

（2）降温速度快，箱内各部分温度均匀。

（3）长期使用而不必人工化霜。

缺点是箱内食物易干，比直冷式电冰箱耗电多10%左右。

（二）按外部结构分类

1. 单门电冰箱

只有冷冻室有一个蒸发器，冷冻室和冷藏室共用一个箱门，门内的冷冻室再另设一个简易门（又称冷冻门）。靠箱内冷气的自然对流来冷却冷藏室内的食物。

2. 双门电冰箱

冷冻室和冷藏室分别设一个门，由两个蒸发器串接。

3. 三门和多门电冰箱

把冷冻室、冷藏室和果菜室分别设门即为三门电冰箱。根据不同温度和使用需要，也为了使用方便并减少冷量损失，有四门、五门电冰箱，其中的蒸发器设置则需要根据每个门内所需要的温度来决定。

二、电冰箱的结构组成

电冰箱主要由箱体及箱体附件、制冷系统和电气控制系统三大部分组成。电冰箱实物构成如图7.1所示。

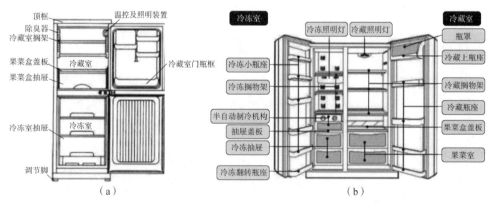

图7.1 电冰箱实物构成

（a）抽屉式双开门电冰箱构成示意图；（b）对开双门电冰箱构成示意图

（一）电冰箱箱体

电冰箱的箱体是电冰箱的重要部件，主要由箱外壳、箱内胆、隔热层、磁性门封和台面等组成。电冰箱的箱体主要是隔绝箱内、外的热交换，防止冷量散失，同时又能提供冷冻、冷藏食品的空间。

（二）电冰箱制冷系统

电冰箱的制冷系统由压缩机、冷凝器、干燥过滤器、毛细管、蒸发器、连接管及制冷剂等组成，压缩机整体安装在冰箱的后侧下部，冷凝器多安装在冰箱背部，也有少数冰箱的附件冷凝器装于底部。干燥过滤器安装在冰箱后部，便于与毛细管连接。毛细管的前段常缠绕成圈，后段与蒸发器排气管合焊，外部包以绝缘材料。蒸发器设置在冰箱内腔上部，形状为盒式，前方带有小门，盒内为小型冷冻室。蒸发器的排气管自冰箱背后返回压缩机。制冷系统如图 7.2 所示。

1. 压缩机

全封闭式制冷压缩机由压缩机机械传动（曲轴、凸轮和输气与排气管路）和电动机（定子铁芯、绕组和转子）组装后装在一个全封闭的壳体内（图 7.3）。外壳表面有 3 根铜管，它们分别接低压吸气管、高压排气管、抽真空和充注制冷剂的工艺管。

电冰箱主要是依靠压缩机制冷。电动机将电能通过压缩机活塞运动转换成机械能，压缩机活塞的运动将蒸发器内已经蒸发的低温、低压制冷剂蒸气压缩后转变吸回压缩机，然后压缩成为高压、高温的气态制冷剂，并排至冷凝器中冷却为高温、高压的过热蒸气，从而建立起使制冷剂液化的条件。

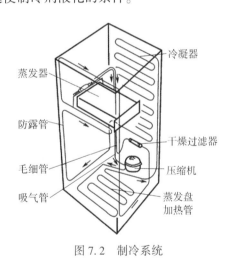

图 7.2　制冷系统

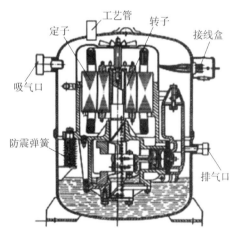

图 7.3　压缩机结构

2. 冷凝器

电冰箱的冷凝器是制冷系统的关键部件之一。它的作用是使压缩机送来的高压、高温氟利昂气体，经过散热冷却变成高温、高压的氟利昂液体，所以这是一种热交换装置。

电冰箱的冷凝器按散热方式的不同，分为自然对流冷却式和强制对流冷却式两种：自然对流冷却利用周围的空气自然流过冷凝器的外表，使冷凝器的热量能够散发到空间去；强制对流冷却利用电风扇强制空气流过冷凝器的外表，使冷凝器的热量散发到空间去。300 L 以上的电冰箱一般采用强制对流式冷凝器，300 L 以下的电冰箱一般采用自然对流式冷凝器。自然对流式冷凝器的常见结构，按其传热面的形式不同，有百叶窗式、钢丝管式和平板式 3 种，如图 7.4 所示。

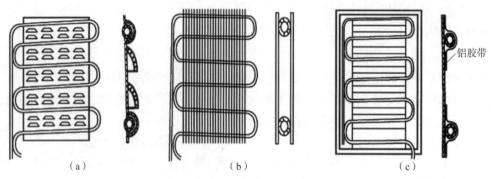

图 7.4　自然对流式冷凝器的常见结构

3. 干燥过滤器

在制冷系统中，冷凝器的出口端和毛细管的进口端之间必须安装一个干燥过滤器。制冷系统中总会含有少量的水分，水蒸气在制冷系统中循环，当温度下降到 0 ℃ 以下时，水蒸气聚集在毛细管的出口端，累积而结成冰珠，造成毛细管堵塞，即所谓的冰堵，使制冷剂在制冷系统内中断循环，失去制冷能力。制冷系统中的杂质、污物、灰尘等进入毛细管也会造成堵塞，中断或部分中断制冷剂循环，即发生所谓的脏堵。

干燥过滤器的作用就是除去制冷系统内的水分和杂质，以保证毛细管不发生冰堵和脏堵，减少对设备和管道的腐蚀。过滤器是由直径 14~16 mm、长 100~150 mm 的紫铜管为外壳，两端装有铜丝制成的过滤网，两网之间装入分子筛或硅胶。分子筛或硅胶是干燥剂，它们以物理吸附的形式吸水后不生成有害物质，可以加热再生。干燥过滤器的结构如图 7.5 所示。

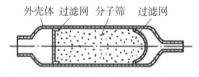

图 7.5　干燥过滤器的结构

4. 毛细管

按照制冷循环的规律，流入蒸发器中的制冷剂应呈低压液态。为此需要一种节流装置，把高压液态制冷剂变为低压液态制冷剂。家用电冰箱普遍采用毛细管作为节流装置。毛细管接在干燥过滤器与蒸发器之间，依靠其流动阻力沿管长方向的压力变化，来控制制冷剂的流量和维持冷凝器与蒸发器的压力。当制冷剂液体流过毛细管时要克服管壁阻力，产生一定的压力降，且管径越小，压力降越大。液体在直径一定的管内流动时，单位时间流量的大小由管子的长度决定，选择适当的直径和长度，就可使冷凝器和蒸发器之间产生需要的压力差。

5. 蒸发器

蒸发器是制冷系统的主要热交换装置。它的作用是使毛细管送来的低压液态制冷剂在低温的条件下迅速沸腾蒸发，大量地吸收冰箱内的热量，使箱内温度下降，达到冷冻、冷藏食物的目的。蒸发器在降低箱内空气温度的同时，还要把空气中的水汽凝结而分离出来，从而起到减湿的作用。蒸发器表面温度越低，减湿效果越显著，这就是蒸发器上积霜的原因。

电冰箱的蒸发器按冷空气循环对流方式的不同，可分为自然对流式蒸发器和强制对流式蒸发器两种；按传热面的结构形状及其加工方法的不同，可分为管板式蒸发器、铝复合板式蒸发器、单脊翅片管式和翅片盘管式蒸发器等。

（三）电冰箱电气控制系统

电冰箱的电气控制系统主要包括压缩机启动—保护继电器、温控器、照明灯、门开关及附属电路。

1. 启动—保护继电器

电冰箱压缩机启动—保护电路的主要部件就是启动继电器和保护继电器，这两个继电器都是与压缩机相连的。其中启动继电器的作用是控制压缩机的启动工作，而保护继电器的作用是当压缩机出现温度异常时，对压缩机进行停机保护。

2. 温控器

温控器用来控制压缩机的开停，从而维持食物所需的温度。

3. 照明灯和门开关

任何一台电冰箱都带有照明灯和门开关。当电冰箱门打开时，门开关跳出，照明回路接通，箱内照明灯点亮。当电冰箱门关上的时候，开关被门压下，照明回路断开，箱内照明灯熄灭。

三、电冰箱工作原理

（一）电冰箱制冷系统的工作原理

当电冰箱工作时，制冷剂在蒸发器中蒸发气化，并吸收其周围大量热量后变成低压低温气体。低压低温气体通过回气管被吸入压缩机，压缩成为高压高温的蒸气，随后排入冷凝器。在压力不变的情况下，冷凝器将制冷剂蒸气的热量散发到空气中，制冷剂则凝结成为接近环境温度的高压常温（也称为中温）的液体。通过干燥过滤器将高压常温液体中可能混有的污垢和水分清除后，经毛细管节流、降压成低压常温的液体，重新进入蒸发器。这样再开始下一次气态→液态→气态的循环，从而使箱内温度逐渐降低，达到人工制冷的目的。

制冷系统各部件在制冷过程中起到的作用分别是：压缩机提高制冷剂气体的压力和温度，冷凝器则使制冷剂气体放热而凝结成液体，干燥过滤器把制冷剂液体中的污垢和水分滤除掉，毛细管则限制、节流及膨胀制冷剂液体，以达到降压、降温的作用，蒸发器则使制冷剂液体吸热气化。因此，要使制冷剂永远重复利用，在系统循环中达到制冷效应，上述 5 大部件是缺一不可的。由于使用条件的不同，有的制冷剂系统在上述 5 大部件的基础上，增添了一些附属设备，以适应环境的需要。

（二）单温控电冰箱电气系统工作原理

单温控制直冷式电冰箱的电气系统，根据压缩机启动方式不同，有重锤启动式（图 7.6）、PTC 启动式两类。重锤启动式多应用在早期电冰箱内，而新型电冰箱主要采用正温度系数热敏电阻（PTC）启动式。

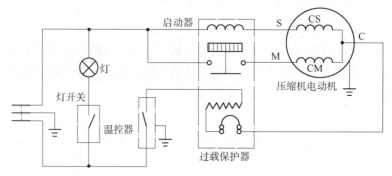

图 7.6　重锤启动式电气系统

1. 重锤启动式电气系统

（1）启动　当电冰箱的箱内温度较高，被温控器的感温管检测后，使温控器的触点接通，220 V 市电电压通过温控器的触点、启动器的驱动绕组、压缩机的运行绕组 CM、过载保护器构成导通回路。这个回路的阻值较小，所以产生的电流超过 2.5 A，使启动器驱动绕组产生较强的磁场，启动器的衔铁（重锤）被吸动，将它的触点接通，压缩机启动绕组 CS 得到供电，CS 绕组形成磁场，驱动转子转动。当电机转速提高后，回路中的电流在反电动势作用下开始下降，使启动器驱动绕组产生的磁场减小。当磁场不能吸动衔铁时，启动器的触点断开，启动绕组停止工作，电机正常运转。当压缩机正常运转后，运行电流降到额定电流（1 A 左右）。

（2）过载、过热保护　过载、过热保护器触点正常时处于常闭状态，但在电动机过流或压缩机壳体温度过高时自动转入断开状态起保护作用。当压缩机过载时电流增大，使过载保护器内的电热器产生的压降增大而使其发热，双金属片会因受热迅速变形，使触点断开，切断压缩机供电回路，压缩机停止转动。另外，因过载保护器紧固在压缩机外壳上，当压缩机的壳体温度过高时，也会导致过载保护器内双金属片受热变形，切断压缩机供电电路。过几分钟后，随着温度下降，过载保护器内双金属片恢复到原位，又接通压缩机的供电回路，压缩机继续运转。

（3）温度检测、控制　温控器的感温管固定在蒸发器表面上，当感温头检测的温度达到设置要求时，温控器自动断开，切断压缩机的供电回路，压缩机停转，电冰箱进入保鲜状态。压缩机停转后，随着箱内温度的升高，当感温管检测到温度升高到一定值时，自动控制温控器的触点接通，再次为压缩机供电，压缩机开始运转，电冰箱进入下一轮的制冷状态。

（4）照明灯控制　冷藏室箱门关闭时，位于冷藏室箱门框的门灯开关受挤压而断开，切断照明灯的供电回路，照明灯不亮。但打开冷藏室门时，门灯开关弹出处于接通状态，使照明灯开始发光。

2. PTC 启动式电气系统

（1）普通 PTC 启动式电气系统　如果把温控器旋钮置于 OFF（关）位置，触点开关 K1 断开，压缩机因无供电不工作。如果将温控器旋钮旋离 OFF 位置，K1 闭合，接通压缩机的供电回路，因 PTC 式启动器内的正温度系数热敏电阻的阻值在通电瞬间较小，仅为 22~33 Ω，所以 220 V 市电电压通过热敏电阻、压缩机启动绕组形成较大的启动电流，使压缩机电机开始运转，同时热敏电阻因有大电流通过，温度急剧升至居里点以上，进入高阻状态（相当于断开），断开启动绕组的供电回路，完成启动。完成启动后，启动回路的电流迅速下降到 30 mA 以内，运转回路的电流下降到 1 A 左右（图 7.7）。

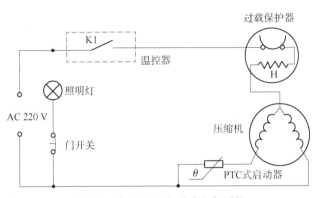

图 7.7　普通 PTC 启动式电气系统

（2）具有自动低温补偿功能的 PTC 启动式电气系统　当环境温度过低时，被自感应开关检测后它的触点接通，温度补偿加热器开始加热，冷藏室温度升高，实现温度补偿控制。当环境温度升高，被温度感应开关检测后使它的触点断开，温度补偿加热器不加热，无补偿功能，从而实现温度补偿的自动控制（图 7.8）。

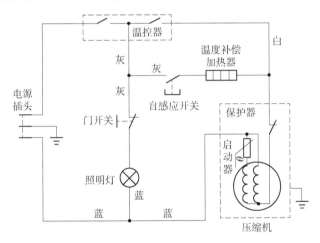

图 7.8　具有自动低温补偿功能的 PTC 启动式电气系统

（三）双温控冰箱电气系统工作原理

双温控直冷式电冰箱电气系统，与普通电气系统相比，多一个冷冻室温控器和电磁换向阀（简称电磁阀）。典型的双温控电冰箱电气系统如图 7.9 所示。

冷藏室温控器除控制冷藏室压缩机的供电电路，还控制着电磁阀的供电电路。当冷藏室温度没有达到设置的温度值时，冷藏室温控器接通压缩机的供电回路，同时切断电磁阀的供电回路，电磁阀的阀芯不动作，使冷藏室、冷冻室同时制冷。但当冷藏室温度达到设置值时，冷藏室温控器便切断压缩机的供电回路，同时接通电磁阀供电回路，电磁阀的阀芯动作，使冷冻室单独制冷，从而实现了双温双控的目的。

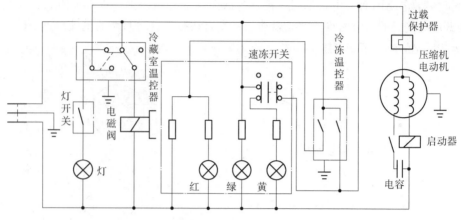

图 7.9　典型的双温控电冰箱电气系统

（四）间冷电冰箱电气系统的工作原理

间冷电冰箱是依靠冷冻室内的风扇强制空气加速循环，加强蒸发器进行热交换的速度，从而达到冷却食品的目的。间冷式电冰箱与直冷式电冰箱的不同之处主要是增加了风扇电机控制电路和全自动化霜电路（图 7.10）。

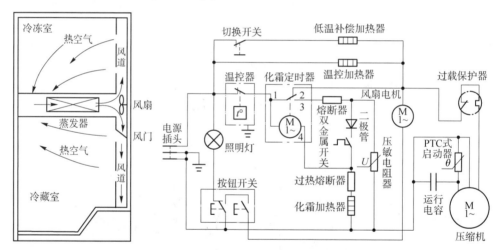

图 7.10　间冷电冰箱电气系统的工作原理

1. 风扇电机控制

当箱门关闭使门开关（按钮开关）接通风扇电机供电回路后，风扇电机开始运转，带动扇叶旋转，使冷冻室和冷藏室的空气形成对流，这样冷藏室、冷冻室的热气就被冷冻室蒸发器吸收，实现制冷降温。当箱门打开后按钮开关断开，风扇电机停转，以免箱内的冷气大量外泄，实现节能。

2. 全自动化霜控制装置

（1）蒸发器化霜　第一次使用电冰箱，当关闭箱门时，化霜定时器的电机供电，使它运转计时，此时，虽然化霜加热器与化霜定时器构成导通回路，但由于导通电流较小，所以加热器不发热。化霜定时器计时期间，它内部的动触点 1 与静触点 2 接通，使压缩机获得供电开始运转，电冰箱进入制冷状态。

当化霜定时器转到设定的化霜间隔时间 8 h 后，化霜定时器的动触点 1 与触点 2 断开，切断通往压缩机的供电回路，停止制冷，并接通 3 触点，通过二极管半波整流产生脉动直流电压。该电压通过通双金属开关（化霜温控器）为化霜加热器供电，化霜加热器开始为蒸发器化霜。此时化霜定时器的电机被双金属开关和二极管短路而停转，不再计时。

当蒸发器表面的霜全部融化后，并且蒸发器表面的温度达到 13 ℃±3 ℃时，双金属开关内的触点断开，解除对化霜定时器的短路作用，化霜定时器继续运转计时约 3 min，定时器的动触点动作，再次接通压缩机的供电回路，使压缩机再次运转。

随着压缩机运转制冷时间的增长，蒸发器表面温度不断下降，当蒸发器降到一定温度时，双金属化霜温控器达到复位温度（一般为-5 ℃），它内部的触点再次接通，等待下一个周期的化霜加热，从而完成对电冰箱的周期性的全自动化霜控制。

该化霜电路中串联的温度型熔断器又称为过热熔断器、超温保护器或温度保险。它也安装在蒸发器上，直接检测蒸发器的温度。当双金属开关失效使化霜加热器不能停止加热，蒸发器温度会不断升高。当加热器的温度达到 70 ℃左右时，过热熔断器熔断，切断化霜加热器回路，加热器停止加热，从而避免了蒸发器等部件过热损坏，实现过热保护。

（2）温控器化霜电路　由于普通间冷式电冰箱采用的是风门型温控器，只有通过化霜加热器对风门温控器进行化霜，才能确保该温控器正常工作。由于温控加热器与温控器和化霜定时器的触点并联，所以在温控器断开或蒸发器化霜期间，温控加热器都会获得供电开始加热，为温控器化霜。

四、电冰箱的使用与保养

（一）电冰箱的放置

（1）环境温度的高低，会直接影响冰箱的制冷性能，环境温度过高，则冷凝器的散热效率降低，制冷性能下降，耗电量增大。环境温度过低时也不利于冰箱的运行，压缩机中润滑油的黏度随温度的降低而增大，会使压缩机的启动电流增大，甚至导致电动机不能启动和烧坏电动机。电冰箱也不应在过于潮湿的环境中使用，会使电气绝缘材料受到损害，使冷冻室加速凝霜，影响制冷能力。考虑以上因素，电冰箱应放在通风、干燥、不受阳光直射的地方。

（2）电冰箱不要放在火炉、暖气装置附近。为使冷凝器有良好的自然对流条件，电冰箱两侧和背面应离墙壁或其他大面积物体 10 cm 以上。

（3）冰箱应放在平坦的地面上，如不平稳，可调整箱底下面的两颗水平调整螺钉。冰箱下面不要加垫木板或另外的底座，以免发生振动增大噪声。

（二）电冰箱的使用

1. 安全使用

冰箱所用电源电压必须符合冰箱规定的电源电压。要使用三孔带接地线的电源接头和插座，若不得已使用两芯插座时，应将冰箱外壳接地（接地电阻不大于 40 Ω）。

不要把电烤箱、热水茶壶等发热的器具放置在冰箱上。不要把易燃物在冰箱的旁边放置和使用，以免发生事故。不要用手摸冰箱背面的压缩机冷凝管、毛细管等器件，以免烫伤手。不可用湿手取放冷冻室内的食物，以免冻伤皮肤。

在电冰箱使用期间，要避免电源中断，如果经常中断，会影响电冰箱的使用寿命。如果电源中断时，必须隔 5 min 后再接通电源启动冰箱。电冰箱停用时间较长时应注意以下几点：①拔下电源插头，待霜化净后再擦拭干净；②箱内食品应全部取出；③箱门要开一条细缝，以散发冰箱内的气味，待无气味后再关严实。初次使用改停用后很久再使用时，先将冰箱内各附件置于原位，再在空箱状态下接通电源，使冰箱运行 2~3 h，待箱内的温度稳定并达到要求时，再把食品分批放入。不要压缩机一开，就把大量的食品放进去，以免负荷过重而烧坏电动机。

2. 正确调节温控器

应根据季节变化和存放物品的种类，来调整箱内的温度，既要节约用电，又要获得制冷最佳效果。

温控器调节旋钮盘面上都刻有数序（1，2，3，4，…），这些数字并不表示冰箱内部的温度数值，只供使用时记忆参考。要低温时，应调节旋钮盘面上较大的数字对准标记。要使冰箱内温度较高时，应使盘面上较小的数字对准标记。通常情况下，把旋钮调到中间处，特殊使用可根据用途调整。"强冷"适宜制冰块和急冻食物，但该挡位的使用时间尽量不要超过 5 h，否则将导致冷藏食品冻结。

一般冰箱温控器的挡位需根据季节、环境温度、使用情况来适当进行调整。在夏季，温控器置于"1"或"2"较为合适；在春、秋季，温控器置于"3"或"4"较为合适。冬天当环境温度低于 10 ℃时，需将冰箱的季节开关打开。

3. 化霜操作

一般单门电冰箱都装有半自动化霜装置，其按钮在温度控制器的中央。当蒸发器表面凝霜过厚时，按下除霜按钮，压缩机停止工作，化霜开始。霜化完后，按钮自动弹出，压缩机重新工作。对无霜式及自动化霜式电冰箱，能定时自动除霜，这种装置在化霜时融化的水能通过管路流入接水盘并排出箱外。有的冰箱，特别是冷冻箱需手工化霜。化霜时要将电源插头拔下，物品移出箱外，用塑料除霜铲铲刮积霜，切勿用金属物品刮擦。

拓展知识

利用电冰箱储藏食物应当注意什么？

利用冰箱来贮藏食品时，为节约电能并获得最佳冷冻冷藏效果，应注意以下几个问题。

（1）箱内放置的食品不可过挤过密，食品之间，食品与箱壁之间应留有空隙，以利于箱内空气流通，保持温度均匀。

（2）贮藏热的食品时，首先在箱外经过自然冷却到室温后，再放入冰箱。不要把热水、热食品直接放入冰箱，以免增加冰箱负荷，消耗电能，导致压缩机长期运转，加快机件磨损，缩短使用寿命。

（3）冷藏水果和蔬菜时，要洗净擦干再放入冰箱，且放在箱内底部的果菜盒内，再盖上盖板。

（4）鱼类及其他肉类食品需要在冷冻室冻结时，应将其放在适当的器皿内，以免冻结在冰箱内取不出来。如果食物冻在蒸发器的器壁上，不要硬拉，可停机十几分钟，或打开冷冻室的门，待融冻后即可取出。决不可用金属器具撬取，以免损坏蒸发器。

（5）玻璃瓶装的液体，如橘汁、啤酒、汽水等只能放在冷藏室，不可放于冷冻室，以免瓶子被冻裂。

（6）对有味食品如鱼、肉等，会污染其他存放的食物，对需保鲜又防干的食品，如水果、奶酪等，要用保鲜纸或无毒塑料袋包起来或用器皿盛起来加盖贮藏，既可保水分又不串味。

（7）冷藏食品超过一定时间，新鲜程度就会降低，就是冷冻食品贮存时间长了，也会变质。所以，应正确地根据食品种类、电冰箱的温度等级以及使用条件来掌握存放时间。使用冷冻箱，箱内贮存物品多且时间可能很长，为避免超过贮存期最好每包（件）存放物拴上一个放入日期的标签。

（8）尽量减少开门次数，保持门的密封，可增加制冷效率，降低制冷电耗。

 任务实施

1. 准备电冰箱、基本拆装工具等实训器材。

2. 学生按5~8人分成工作小组，布置工作任务。

（1）阅读电冰箱的说明书，了解电器的基本参数。

（2）观察电冰箱的结构组成，分析电冰箱的工作过程，并组内讨论其结构及工作原理。

（3）教师拆解电冰箱，指导学生仔细观察内部零件。

3. 配合实训步骤，进行相关知识学习。

（1）观察电冰箱结构组成及工作原理。

（2）阅读说明书并讨论，学习电冰箱的使用方法。

（3）操作使用电冰箱，掌握电冰箱的使用与维护方法。

（4）拆解电冰箱，学习电器中的主要元件。

4. 学习总结与讨论。

 同步测试

一、填空题

1. 按照制冷方式分类，电冰箱可以分为_____和_____。

2. 电冰箱主要依靠_____制冷。

3. 干燥过滤器的作用就是除去制冷系统内的_____和_____，以保证_____不发生冰堵和脏堵，减少对设备和管道的腐蚀。

4. 毛细管依靠其流动阻力沿管长方向的_____变化，来控制制冷剂的_____和维持冷凝器与蒸发器的压力。

5. 电冰箱工作环境温度过高，会引起冷凝器的散热效率_____，制冷性能_____，耗电量_____。

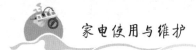

二、简答题

1. 直立式电冰箱和间冷式电冰箱区别是什么？

2. 电冰箱停用时间较长时应注意哪些方面？

任务二
空调的使用与维护

任务描述

空调作为一款可以调节室内温度的家用电器，广泛应用在现代家庭中，夏天制冷、冬季制热、梅雨季节除湿，可以使得室内温度保持在一个舒适、干燥的范围，良好的室温调节性能受到现代家庭青睐。为了便于大家了解空调的工作原理，更好地使用、调节、维护空调，本任务将重点讲解空调的相关知识及使用方法。

任务分析

观察空调的基本组成形式以及各元器件的功能，从简单的空调使用方法入手，通过观察空调的工作过程，结合理论知识的讲解，从而了解空调的相关知识。

相关知识

空调器全称为空气调节器，是一种向房间或其他区域直接提供经过处理的空气的设备，主要功能是对室内空气进行滤尘、冷却和除湿，有的还具有制热和更换新风的功能，实现对室内温度的自动调节。空调器广泛应用于各个行业，所以它的种类很多。本任务重点介绍的是目前社会保有量最大的家用空调器，也称为房间空调器。它的特点是制冷量一般在 7 000 W 以下，使用全封闭式制冷压缩机和风冷式冷凝器。

一、家用空调器的功能

1. 调节室内温度

一般来说，人的居住或工作环境与外界的温差在 5 ℃ 左右是适宜的。若温差过大则从室内到室外时将受到"热冲击"，由室外到室内将受到"冷冲击"，都会使人感到不舒服。因此，国家标准规定了舒适性空调室内的温度标准，夏季保持在 24~28 ℃，冬季保持在 18~20 ℃。

2. 调节室内湿度

在过于潮湿或过于干燥的空气中，人们会感到不舒服，适合人体需要的相对湿度在

40%～70%的范围内。空调器的湿度调节是通过增加或减少空气中的潜热来实现的，空调器夏季能降温除湿，冬季能升温加湿。

3. 调节室内气流速度

人处在以适当低速（约0.5 m/s以下）流动的空气中比在静止的空气中要感觉凉爽；处在变速的气流中比处在恒速的气流中更觉舒适。因此，空调器上设有高、中、低3挡风速，能将室内气流速度调至0.15～0.3 m/s范围内，达到人们舒适的要求。

4. 调节送风方向

空调器出风口上设有水平格栅和垂直格栅。水平格栅用来调节出风口倾角，夏天送冷风时向斜上方送出，冬季送热风时向斜下方送出。垂直格栅还能左右调节气流在室内扩散范围。

5. 控制房间的温度波动

在15～30 ℃范围内，能自动调节室内温度，控温精度一般在±2 ℃范围内。

二、家用空调器的种类

（一）按家用空调器功能分类

家用空调器按功能可分为单冷型（冷风型）、冷暖型两种。

1. 单冷型

单冷型又称冷风型，只能用于夏季室内制冷降温，不能制热，同时兼有一定的除湿功能。

2. 冷暖型

在夏季能制冷降温，在冬季又能制热取暖。冷暖型空调器按制热方式不同，又可以分为以下几种：

（1）热泵冷风型　在冷风型的基础上增加了一个电磁换向阀，使制冷系统中的制冷剂换向流动，夏季能制冷降温，冬季可制热取暖，具有较高的经济价值。

热泵式空调器制热的特点是安全、清洁、方便、能量利用率高，当外界气温不是很低时，制热效率高于电热供暖器，但当外界气温很低时，热泵式空调器制热效率明显下降。

（2）电热冷风型　在冷风型机上加装了电热丝。用于制冷时，与冷风型相同；用于取暖时，则停止制冷系统的工作，接通电热丝，热量由风扇吹向室内。这种供热方式耗电多，比热泵冷风型制热效率低。

（3）热泵辅助电热型　在热泵冷风型空调器的基础上增加一组电加热器，当外界气温很低时，热泵制热效果较差，可使用电加热器供暖。

（二）家用空调器按结构分

家用空调器按结构分类，可分为窗式和分体式空调器。

1. 窗式空调器

窗式空调器又称整体式空调器，将压缩机、通风电机、热交换器等全部安装在一个机壳内，主要是利用窗框进行安装（图7.11）。窗式空调器的特点是结构紧凑、体积小、重量轻、噪声低、安装方便、使用可靠，并有换气装置。

图7.11　窗式空调器

2. 分体式空调器

分体式空调器主要有壁挂式、立柜式等形式（图7.12）。

分体式空调器是将压缩机、通风电动机、热交换器等分别安装在两个机壳内，分为室内机组和室外机组，用管道将这两部分连接起来。

室外机组：一般包括压缩机、冷凝器、轴流风机等。

室内机组：一般包括蒸发器、毛细管、离心风扇、温控器和电气控制元件等。

分体式空调器的特点是噪声更低、冷凝温度低、室内占地面积小、安装容易、维修方便。

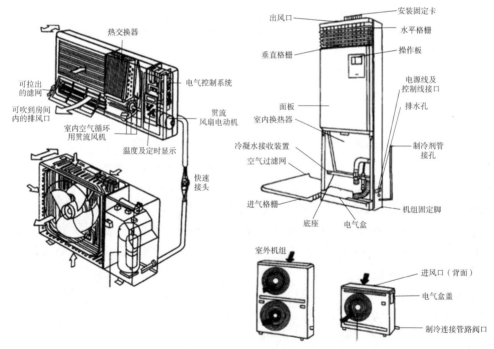

图7.12　分体壁挂式、立柜式空调器结构示意图

（三）按室内机数量分类

按室内机数量分类，可分为"一拖一"和"一拖二"两种空调器。

"一拖二"分体式空调器又称复合式空调器，是用一台室外机组带动两台室内机组工作，从而使一台空调器相当于两台空调器使用。

三、空调器的型号和命名

根据我国国家标准 GB/T 7725—2004《房间空气调节器》的规定，空调器按结构形式分类代号如图 7.13 所示。

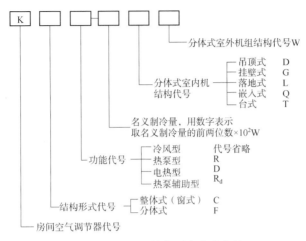

图 7.13 空调器结构形式分类代号

制冷量的分档系列：1250，1400，1600，1800，2000，2250，2500，2800，3150，3500，4000，4500，5000，5600，6300，7100，8000，9000。

（一）冷风型

功能代号省略。型号举例：

KC-18：表示窗式冷风型房间空调器，制冷量为 1 800 W。

KF-28G：表示分体式房间空调器，室内机组为壁挂式，制冷量为 2 800 W。

KT-8：表示台式冷风型房间空调器，制冷量为 800 W。

（二）热泵型

热泵型空调器的型号表示方法基本上与冷风型相同，不同点在于功能的代号用符号 R 表示。

型号举例：

KCR-26：表示窗式热泵式房间空调器，制冷量和制热量都为 2 600 W。

KFR-32GW：表示分体式热泵式房间空调器，壁挂式室内机，带室外机组，制冷量和制热量为 3 200 W。

（三）电热型

与上面不同的是功能的代号用 D 表示。型号举例：

KCD-20：表示窗式电热型房间空调器，制冷量为 2 000 W。

KFD-26DW：表示分体式电热型房间空调器，室内机组为吊顶式，制冷量为 2 600 W。

四、典型空调结构及工作原理

（一）窗式空调器

窗式空调器是使用最早的一类空气调节器。它分单冷型和冷热两用型两类。冷热两用型又分热泵式和电热式两种，适于家庭的小房间使用。压缩机都使用全封闭式小型制冷压缩机，制冷量通常在 7 kW（6 000 kcal/h）以下，风量不高于 0.33 m/s。窗式空调器结构简单，其他类型的空调器都是在窗式空调器的基础上发展演变而来的。

1. 单冷型窗式空调器的结构与原理

（1）基本结构 单冷型窗式空调将各个零件总装成一体，形成一个箱体。包括压缩机、冷凝器、蒸发器、过滤器、节流器组成的制冷系统，电扇电机、轴流风扇、离心风扇构成的空气循环系统，以及电气控制系统和空气净化装置。

（2）制冷系统 单冷型窗式空调的制冷系统与电冰箱的制冷系统的组成与原理基本相同。全封式压缩机是空调器的核心部件，是制冷系统的动力。制冷剂在压缩机的作用下，不断循环流动，并在一定条件下，制冷剂气液态之间相互转化，通过吸热、放热进行热交换，达到空调环境制冷的目的。

涡旋式压缩机的基本结构如图 7.14 所示。它主要由动涡旋盘和定涡旋盘、曲轴、机座及防自转机构组成。压缩机由定涡旋盘和动涡旋盘的涡卷之间及涡卷的端板之间组成了气缸工作容积。动盘与定盘相对运动时形成由外圈向动、定盘中心移动的空间，以完成对气体的压缩。定涡旋盘的外圈上开有吸气孔，在端板的中心部分开有排气孔。工作时，制冷剂低压蒸气从定涡旋盘涡卷的外部被吸入，在定涡旋盘涡卷与动涡旋盘涡卷所形成的空间中被压缩，压缩后的高压制冷剂蒸气从定涡旋盘端板中心排出。

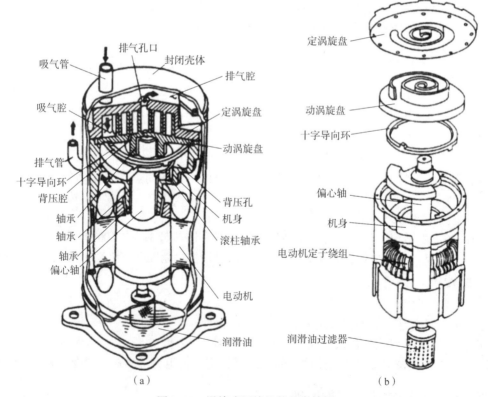

图 7.14 涡旋式压缩机的基本结构

（a）涡旋式压缩机整体结构图；（b）涡旋式压缩机主体部件分解图

由于动涡旋盘与定涡旋盘以相差 180°进行啮合，形成一系列封闭空间，当动涡旋盘公转时，在定、动涡旋盘相啮合中，使月牙形啮合线的面积不断压缩变小，月牙形的面积随 θ 角的增大而变小，气体压缩而增大压力，最后从定涡旋盘中心的排气孔排出。动涡旋盘不断公转，使低压气体不断地在一个个月牙形中被压缩排出，完成压缩作功（图 7.15）。

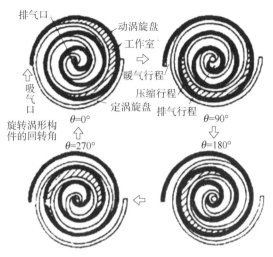

图 7.15　涡旋式压缩机的原理

在单冷型窗式空调的制冷系统中的蒸发器、冷凝器、节流器和过滤器在电冰箱制冷系统中已讲述，本任务不再讲述。

（3）空气循环系统　空气循环系统主要由离心风机和轴流风机组成，如图 7.16 所示。离心风机的作用是强迫对流通风，促使空调器的制冷空气在房间内流动，轴流风机的作用是使冷凝器加快散热，以达到房间各处均匀降温的目的。

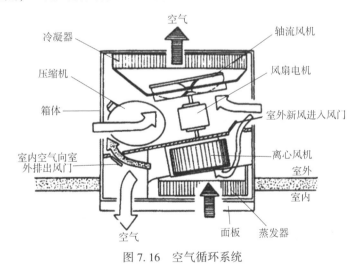

图 7.16　空气循环系统

离心风机装在蒸发器内侧，构成室内空气循环系统。风机工作时，室内空气通过过滤网除尘，吸向离心风机。因离心的作用使空气压力增加，沿径向飞出，在风叶的中心形成一个负压区，将后部的空气沿轴向吸入风叶，从而保持空气的连续流动。

轴流风机在冷凝器内侧，构成室外空气循环系统。室外空气从空调器两侧百叶窗吸入，经轴流风机吹向冷凝器，携带冷凝器的热量送出室外。空气通过轴流风机，沿轴向流动，风量大，噪声小。夏季室外温度较高，进入冷凝器的气温高，使冷凝器散热不好，所以大多空调器都采用流量大的轴流风机。

单冷型空调器的风道，多采用铝制薄板构成，并与离心风机连在一起，使风机排出的冷空气通过风道方向排往室内。为了使室内更换新鲜空气，在风道一端开有一扇小门，使污浊空气由此排出。为了给轴流风机补风，又在风道的另一侧设有进风口，从外界补入新鲜空气。由于进来的是室外新鲜热空气，排出的是室内混浊的冷空气，这样虽然会损失一些制冷量，但有利于人们的健康，有利于防止空调病的发生。

（4）电气控制系统　单冷型窗式空调器典型的电气控制电路，如图 7.17 所示。

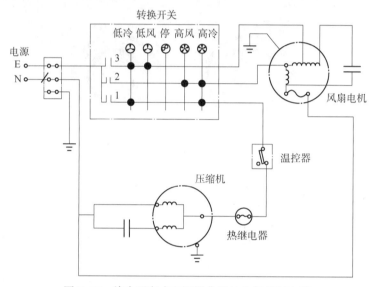

图 7.17　单冷型窗式空调器典型的电气控制电路

空调器接通电源，将主控开关设置于"低风"挡，电源流通的路径如下：电源插头→风扇电机→电扇电容构成通风电机运转回路；电源插头→转换开关→温度控制器→热继电器→压缩机电容→压缩机构成压缩机制冷回路，这时风机和压缩机同时运转。随着室内温度的不断下降，达到设定温度后，温度控制器切断压缩机的供电回路，压缩机停机，但此时风扇电机还在继续运转，对室内气流进行调节。

电路中的热继电器（也称过流过热保护器）用来保护压缩机，防止超载运行。当电流过大或压缩机内部温度过高时，热继电器切断电路，压缩机停机，从而起到保护压缩机的作用。

2. 热泵型窗式空调器的制热原理

热泵型窗式空调器是在普通窗式空调器的制冷系统中，增设四通电磁换向阀，通过该阀的换向作用把制冷系统的蒸发器转换为冷凝器，冷凝器转化为蒸发器，具有制冷或制热功能。

需要制热时，给电磁换向阀通电，阀芯动作，被压缩机排出的高温高压制冷剂蒸气经四通换向阀，沿管路进入室内侧热交换器（冷凝器），在室内放热变成高压液体，通过毛细节流管，在室外热交换器（蒸发器）中气化吸收室外热量，成为过热低压蒸气，经四通换向阀回到压缩机完成制热循环。

电热式制热系统是利用电加热器产生的热量对室内空气进行加温的，电加热器置于室内侧循环风扇所形成的气流中，其热量不断被带到室内。在电加热器电路中，串联有温度继电器和电源开关。温度继电器置于空调器进风口，当室内温度达到一定值时，触点断开，电源切断，通过热继电器的自动接通和断开，室内气温被稳定在预定温度范围内。

（二）分体式空调器

分体式空调器的结构分为室内机组和室外机组两部分。室外部分为噪声大的压缩机、冷凝器及轴流风机等，室内部分只有蒸发器、离心风机和电气控制部分等重量轻，体积、噪声都较小的部件。这种空调器的特点是外形美观，运转平稳，噪声低，安装方便。还可以根据不同需要采用不同的形式，如壁挂式、柜式等。在功能上，既能用于夏季降温、去湿、改善室内空气循环，又能在冬季制热升温。家用空调器一般使用分体式冷热两用型空调器。

1. 壁挂式空调器的结构特点

壁挂式空调器的主要器件是压缩机、四通电磁换向阀、冷凝器、蒸发器、毛细管、轴流风机、贯流风机，并分为室内机组和室外机组。

（1）室内机组　室内机组主要有热交换器和离心风机，外壳采用塑料制作。进风和出风处为栅栏式，进风口处还设有空气过滤网等。壁挂式机组一般挂在墙壁上，其排风口在前下部，正前面板的上部为进风口。柜式机组多用于容量较大的分体式空调器，它体形较大，多贴于墙壁放置，但仍采用薄形结构，以便节省空间。这种机组进风口在前下侧，排风口在前上部，栅栏使风斜向上吹，控制旋钮安装在前部面板，以便于操作。

（2）室外机组　室外机组多为箱体式结构，外壳采用薄钢板，进风口和出风口被做成百叶窗式以利通风和防雨，内部装有压缩机、热交换器和轴流风机等。由于室外机组放宽了对体积的要求，热交换器可以用面积稍大的或者使用多组串联进行工作，以提高热交换效率。结构不需要排列得十分紧凑，而以考虑改善通风条件、减少风扇电机功率、降低耗电指标为主。另外，压缩机处于风扇的气流之中，其产生的热量能被及时带走，进一步改善了压缩机内部的工作条件，提高了电机工作效率，并减少了电机因过热而损坏的可能性。

2. 壁挂式空调器的制冷、制热循环系统

（1）制冷系统　空调器接通电源，用遥控器开机，设定制冷状态，贯流风机和压缩机工作，制冷剂流动路径为：压缩机→四通换向阀→冷凝器→毛细管→连接管路→蒸发器→连接管路→四通换向阀→进入压缩机低压端，完成制冷循环，如图7.18（a）所示。

（2）制热系统　空调器接通电源，用遥控器开机，设定制热状态，贯流风机和压缩机工作，制冷剂的流动路径为：压缩机→四通换向阀→加接管→蒸发器→连接管→毛细管→制热毛细管→冷凝器→四通换向阀→进入压缩机低压端，完成制热循环，如图7.18（b）所示。

（3）空气循环系统　分体式空调器采用贯流风叶，其作用是不间断地将被调节房间内的空气吸入到贯流风机内，经过蒸发器降低温度后，以一定的风压和流量送出，通过贯流风机的出风口吹入被调节的房间内的空气循环。

室内机采用的贯流风叶，叶片数为单数，叶片间距不等，叶片相对叶轮中心不对称排列，这样可使噪声降低。风叶在电机带动下工作，空气由前面板的隔栅进风口和顶部的进风口进入蒸发器吸热，叶片之间吸入空气后，在离心力的作用下，气体吹向叶轮周围。空气体积压缩，密度增加，产生静压力，同时加大气流速度产生动压。空气形成旋涡，使叶轮中心部分为负压空间，空气不断从前面板和顶部吸入，冷空气不断从出风口送出，形成空气进出的不断循环（图7.19）。

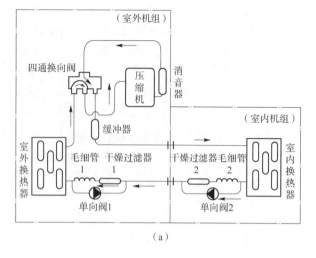

（a）

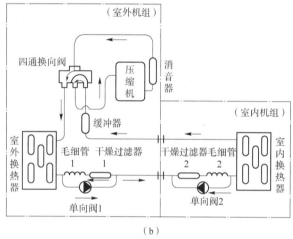

（b）

图 7.18　室外机制冷、制热循环

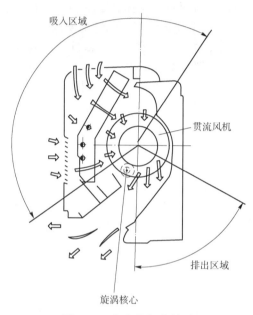

图 7.19　室内机气流循环

3. 壁挂式空调器的电气控制系统

壁挂式空调器的电气控制系统由遥控器、室内机电控主板、室外机控制系统三大部分组成。空调器接通电源后，用遥控器将信号发射给室内机红外接收器。信号接收后，输入电脑板。电脑板通过室温、管温传感器控制空调器的运行与停止。

在电控系统中设计有多种保护功能：有压敏电阻，当电压过高时，压敏电阻击穿，从而保护电控系统；保险管，其作用是控制电路系统有短路故障时，保险管烧毁，防止电路元件损坏和火灾故障。低压保护的作用是，当制冷系统压力低于 0 MPa 时，压缩机停止运转，以防止制冷系统进入空气。高压保护是当压力高于设定值时，高压开关即可自动切断空调器主控电路，使之停机，压力下降时，则自动启机。

（三）微电脑控制的空调器

空调器中应用微电脑控制，使空调器的功能进一步扩展，自动化程度进一步提高，具有节能、舒适、低噪声、操作简便、可靠性强的特点。它将输入/输出接口电路、运算电路、存储电路、中央控制器等构成计算机系统的主要单元，做在一块芯片上，完成对数据的转换、处理和输出。配合传感器电路、键盘电路及执行电路，完成对空调器工作状态的自动控制及功能的自动转换。微电脑空调器所能实现的功能如下。

1. 温度自动控制功能

微电脑空调器的温度控制键主要有"标准"和"预定"两种。如果使用"标准"自动温度控制，只需按一下"标准"键，在这种运行状态下制冷循环的稳定温度为 27 ℃，制热循环的稳定温度是 21 ℃。如果使用"预定"温度自动控制，需要事先预定温度（图 7.20）。

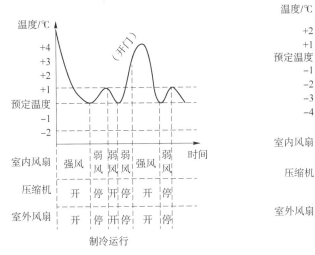
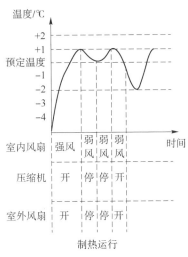

图 7.20 微电脑控制的空调器制冷、制热温度变化曲线

（1）制冷运行 当室温高于 21 ℃时空调器可制冷运行。开始制冷时，一般室内温度较高，压缩机在微电脑控制下，不间断地运转，空调器持续制冷。室内蒸发器电风扇和室外冷凝器散热风扇也在全功率运转，进行强风循环和散热。这时，整个空调器处于满负荷工作阶段，直至室内达到预定的温度为止。在达到预定温度时，室内风扇就进入弱风阶段，压缩机也进行间歇式运转，以较小的功率维持室内温度，降低功耗。当室内温度由于某种原因，比如开门、进人等因素突然大幅度上升，空调器自动进入满功率运行，快速制冷，并使室温再次降到预定温度，然后转入维持运转状态。若空调器在维持运转状态下使室温降至低于预定温度 2 ℃以下，这时，微电脑就会发出指令，使压缩机及室内外风扇停止运转，直至温度升到预定温度为止。

（2）制热运行 当室温低于 21 ℃时，空调器可开始制热，运行初始，室温较低，为加快温度的上升速度，空调器满功率运行，室内外风扇工作在强风挡，压缩机不间歇地工作，电加热器也通电加热。随着室温的不断上升，很快达到预定温度，这时电加热器、压缩机及室外风扇就会在微电脑控制下停止运转，室内风扇也转入弱风挡。随着温度的波动，压缩机、风扇、电加热器会在一定的温度条件下分别开启或关闭，以使室温维持在预定温度附近。

2. 睡眠自动控制功能

为了适应人的生理特点，微电脑空调器都具有节能和舒适的睡眠电路。在夏季制冷使用时，当人进入睡眠状态后，新陈代谢能力降低，产热能力减小，如果室内温度不变，人就会有冷的感觉，影响睡眠舒适度。微电脑睡眠电路就是根据冬、夏季不同的空气调节方式，分别自动转换空调器的工作状态，使室内温度随着人的清醒和睡眠而发生变化，始终给人以舒

适的感觉。

在夏季制冷降温过程中，如果使睡眠电路工作，微电脑将按一定的程序，使计时器开始计时，并且每 1 h 送给中央控制器一个脉冲信号。中央控制器将这个信号处理后，使微电脑输出控制信号，改变空调器工作状态，将室温提高 1 ℃，这样，3 h 完成调整后的温度就上升了 3 ℃。然后，空调器停止送风，同时自动温度控制系统对室温进行监测、控制，使室温一直稳定在比预定温度高出 3 ℃的睡眠温度上，直到睡眠结束。这期间如果温度发生波动，高于或低于睡眠温度，微电脑将发出指令，使空调器降温或停止运转，逐渐再把温度恢复到睡眠温度上去。

当在冬季制热运行中，睡眠电路控制的温度与夏季相反。在冬季人在睡眠时，被褥的保温性能较好，睡眠初期人体表面温度有所上升。如果室温仍维持在原来的温度上，人会感到燥热而难以入睡，所以，冬季的室温要在睡眠后逐渐降低。一般情况下，微电脑在睡眠运行开始后，每隔 1 h，控制空调器使室温降低 2 ℃，经 3 h 完成调整，即睡眠温度要比预定温度低 6 ℃。然后室温将稳定在睡眠温度上，直至睡眠结束。

3. 电脑自动除霜功能

电脑自动除霜是用微电脑控制代替机械式控制进行除霜。与机械控制式除霜相比，电脑除霜具有结构简单、成本低、性能优良等特点。电脑自动除霜一般有两种方式。

(1) 定时除霜　在空调器的热交换器上安装热敏电阻，检测温度并将信号输入微电脑以检查结霜情况。除霜隔一定时间进行一次，当测得结霜量少时，微电脑发出指令使压缩机停止运转，只用送风进行除霜。若测得的结霜量较大，此时采取制冷剂逆循环的强制除霜，可大大缩短除霜时间。当室外温度在 -5～0 ℃时，单靠热泵系统制热和除霜已经比较困难，这时微电脑会自动接通电加热器进行辅助制热和除霜。

(2) 判断除霜　这种除霜是根据制热量多少来判断除霜与否。用两个温度传感器，分别检测室内机组回风温度和热交换器温度，其两者之差与风量系数的乘积，经微电脑处理后就可得出供热量。在相同的运行状况下，供热量越大，结霜越薄；供热量越小，结霜越厚；当供热量减小到一定程度时，霜的厚度也必然达到一定的厚度，与给定的除霜数值相等时，微电脑发出指令，除霜开始。判断式除霜，能根据结霜的实际情况及时除霜，防止了结霜过厚、热效率下降和化霜时间过长引起的电能损失。判断除霜还可以利用温度传感器测出的室外温度来决定是否使用电加热器进行辅助加热。

4. 自动安全保护功能

微电脑空调器设置了较为完整的保护功能，它除了对压缩机过流、过热保护外，还具有对辅助电加热器的过热保护。在运转状态方面，也增加了一些保护功能。如当压缩机停机后短期内又需要启动时，延迟电路工作，延迟 3 min，待高低压两侧平衡后才能启动。为防止压缩机、风扇电机及电加热器同时启动，减小整机启动电流，压缩机、风扇电机和电加热器在微电脑控制下按一定的时间间隔依次启动。

5. 定时功能

定时功能是微电脑的基本功能之一，具有微电脑的空调器都具有定时功能。定时功能一般有定时开、关机，定时睡眠状态和恢复正常状态。

(四) 变频式空调器

变频式空调器是一种将变频技术应用在空调器上，由微电脑控制的高效节能的冷热两用型空调器。这种空调器的基本原理就是利用一个频率变换装置，将压缩机电机的电源变成在一定范围内频率连续可调的交流电压，通过电机转速的连续变化，改变压缩机的容量。由于压缩机容量可连续调整，压缩机在任意时刻都能工作在与热负荷相平衡的状态，变频式空调器始终都有很高的工作效率。就变频式空调器的种类而言，按技术类型可分为以下三种。

（1）单转子变频空调。它是初型产品，压缩机工作频率范围在30~60 Hz，制冷/制热性能可控范围不大，电控与普通分体机功能相当。由于成本价只比普通分体机高15%~20%，且性能优于普通分体机，容易被市场接受而成为商品化销售。

（2）双转子变频空调。它是较高档次的产品，压缩机采用双转子结构，工作频率在20~130 Hz之间，制冷/制热性能可控范围较大，电控用模糊控制技术。这种档次的产品性能较前一种优越，但压缩机成本较高，整机成本较普通分体机高40%~50%。

（3）直流变频空调。它是目前最高档次的产品，压缩机采用双转子或涡卷式，而压缩机内的电动机则采用了直流转子结构，工作频率在15~160 Hz之间，制冷/制热可控性范围大，电控采用智能控制方式。

1. 变频式空调器的特点

（1）高效的制冷/制热性能　当启动空调器之后，压缩机以高于额定制冷/制热能力的1.2~3倍进行工作，即进入高频率运转，可以高效、快速地使房间的温度达到预定的要求。变频空调的热泵式制热性能尤为优越。热泵窗式空调器只能在0 ℃以上的环境有效制热，普通分体机热泵也只能在-5 ℃以上的环境进行制热，而变频分体空调器可以达到在-10 ℃的环境下也能有效制热。

（2）舒适、宁静　普通空调器在房间温度达到设定温度时，通过感温元件使压缩机工作电路断电而停止制冷/制热。当房间温度回升/回降时，感温元件通过电路使压缩机重新启动运转而工作，如此反复进行。但这种温度稳定波动较大，温差一般在±2~±3 ℃之内，并不能真正达到舒适的目的。

用变频式空调器，当房间达到设定温度时，感温元件通过电脑控制，使变频器以低于正常电源频率（50 Hz）向压缩机供电，以较低频率（15~30 Hz）使压缩机实现低速运转，而降低空调器的制冷或制热性能，实现房间的温度恒定。由于压缩机自动以低速度运转而达到恒温，波动极小，克服了过冷或过热现象，达到真正舒适、宁静的室内环境。

（3）高效节能　普通空调器的压缩机在恒温工作时不断频繁地停止、启动，其启动的工作电流是正常运转的5~8倍，功耗亦是正常功耗的5~8倍，除了使电路电压产生异常波动之外，还使压缩机的内部机械磨损加剧以至缩短工作寿命。

而变频式空调器在工作时间内不停机运行，不使电路电压产生波动，压缩机平稳低速运行也有利于寿命的提高。由于整个恒温工作是以低频率（15~30 Hz）状态进行，耗电能量大大降低。

2. 变频式空调器的制冷（或制热）系统

变频式空调器的制冷（或制热）系统由压缩机、室内热交换器、室外热交换器、电磁四通阀、电子膨胀阀和除霜用双通阀等组成，制冷或制热原理与普通热泵式空调器基本相同。图7.21为变频式空调器制冷系统原理。

变频式压缩机具有高速、耐磨、低噪声的特点。为改变压缩机的容量，其电机电源的频率通常在30~125 Hz连续可调。当电源频率在30 Hz时，压缩机电机转速最

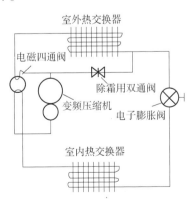

图7.21　变频式空调器制冷系统原理

低，压缩机容量最小；当电源频率在 125 Hz 时，电机转速最高，压缩机容量最大。在改变电源频率过程中，电压通常是恒定的，所以，电机的转矩并未减小，这正好符合压缩机对转矩的要求。

为了与容量变化的工作状态相适应，变频式空调器的节流元件不再采取固定的毛细管节流方式，而使用了能控制节流的电子膨胀阀。电子膨胀阀是一种新型的双通节流元件，它可在微电脑的控制下，按不同的流量进行节流。图 7.22 为电子膨胀阀结构，主要由针形阀、传感器、脉冲电机等组成。当脉冲电机转动时，带动阀针移动，这样，节流阀的喷嘴面积将随阀芯的移动而发生变化，从而改变制冷剂的流量。

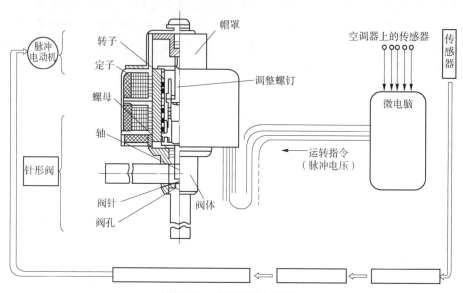

图 7.22　电子膨胀阀结构

双通阀是专门为冬季制热时化霜而设置的。当需要化霜时，双通阀打开，压缩机排出的高温高压蒸气直接进入室外热交换器进行化霜，化霜完毕后双通阀关闭，重新开始制热供暖。

3. 电气控制系统

电气控制系统的核心是微电脑。空调器的各种功能都是通过微电脑控制来完成的。这种控制系统使用微电脑控制技术，具有红外线遥控功能，从而使操作简单、方便。与一般的微电脑空调器相比，增加了对频率变换器、电子膨胀阀及风扇电机的多功能控制和检测。室内外机的两个单元中，都有以微电脑为核心的控制电路，两个控制电路仅有两根电力线和两根信号线进行传输，相互交换信息并控制机组正常工作。

室内微机接收的信号有：遥控器指定运转状态的控制信号；室内温度传感器信号；蒸发器温度传感器信号；反映室内风机电机转速的反馈信号。微电脑芯片接收到上述信号之一后，经分析运算后便发出一组控制信号，其中包括室内风机转速控制信号，压缩机运转频率的控制信号，显示部分的控制信号（主要用于故障诊断），控制室外机传送信息用的串行信号。

室外微电脑同时监控接收的信号有来自室内机的串行信号，电流传感器信号，电子膨胀阀出、入口温度信号，吸气管温度信号，压缩机壳体温度信号，大气温度传感信号，变频开关散热片温度信号，降霜时冷凝器温度信号等八种信号。室外微电脑芯片根据接收到的上述信号，经判断运算后发出控制信号，其中包括室外风机的转速控制信号，控制压缩机运转的控制信号，四通阀的切换信号，电子膨胀阀控制制冷剂流量的信号，各安全电路、保护电路的监控信号，显示部分的控制信号（主要用于故障诊断），控制室内机传送除霜信号的串行信号等。

4. 压缩机及制冷（热）量的控制

变频式空调器具有较高的制冷与制热能力。运行时，微电脑根据室内外温度传感器测试的结果，计算出室内热负荷，发出指令，控制变频器的输出频率，改变压缩机容量，使其工作在与热负荷相平衡的状态。

为了与压缩机容量变化相适应，制冷系统制冷剂的节流量也应当有所变化。对制冷剂流量的调整是通过微电脑控制电子膨胀阀来实现的。将温度传感器安装在蒸发器的出口和入口位置上，将检测出的温度信号送入微电脑，通过微电脑计算出其差值，并在微电脑内与温度给定值进行比例和积分运算，最后得出的结果经驱动电路对电子膨胀阀进行控制，从而改变蒸发器中制冷剂流量，使其状态发生变化。一般地，压缩机的容量与膨胀阀的开启程度有一定的对应关系，容量越大，膨胀阀的开启程度也越大，以使蒸发器的能力得到最大限度的发挥，从而实现制冷系统的最佳控制。

5. 除霜控制

普通空调器化霜，将制热运行改为制冷运行，需时长达 5~10 min，室温波动较大，甚至能使温度降低 5~6 ℃。化霜完毕后，空调器需要再度长时间运行以弥补室内热量的损失。变频式空调器一般不采用逆循环方式化霜，而采取直接化霜或不间断运转化霜。直接化霜原理是：需要化霜时，双通阀被打开，从压缩机排出的高温高压蒸气经双通阀直接进入室外热交换器进行化霜，化霜期间，高温高压蒸气仍然经四通阀流向室内热交换器，对室内供热，但供热能力当然要明显下降。为了缩短化霜时间，使室内热损失维持在最低水平，化霜期间压缩机工作在最大容量状态。化霜完毕后，双通阀关闭，恢复正常供热。

五、空调器的使用注意事项

（1）首次使用空调时应详细阅读说明书，并按照上面介绍的方法进行操作。

（2）设定合适的温度：一般设定在 26~27 ℃ 的范围对人的感觉比较适合，由于现在许多空调都具有经济睡眠功能，所以睡觉前最好启动该功能，以保证睡着和醒来时不会觉得太凉。

（3）选择合适的出风口角度，尽量避免对准人体，特别是人在睡眠中直接吹冷风容易得病，可以自动设定制冷时角度朝上，制热时角度朝下。

（4）经常清洁空气过滤网，过滤网被堵塞会降低运转性能，从而导致电费增加，应半月左右清扫一次。

（5）不要让阳光和热风进入房间，在冷气开放时最好用窗帘遮挡阳光，同时开启空调后尽量少开门窗，减少冷量的损耗，节约用电。

（6）不要有物体挡住室内外的进出风口，否则会降低制冷制热效果，浪费电力，严重的会导致空调器无法正常工作。

（7）在开机时首先将制冷或制热开在强劲挡，当温度适宜时再将设置改到中挡或低挡，

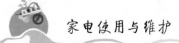

减少能耗，减低噪声。

（8）开空调时室内要保持一定的新鲜空气，可以避免人在空调房间患空调病。如果空调没有换气功能，可以将门窗开个小缝，让新风从门窗缝自然渗入。

（9）空调器停、开操作时间，应间隔 3 min 以上，不能连续停、开。室内空调运转时，勿将手指或木棍等物品插入空气的进出风口，因为空调内的风扇在高速运转，有可能引起伤害事故。

（10）空调器应该使用专用的电源插座，勿将电源连接到中间插座上，禁止使用加长线或与其他电器共用，否则可能引起触电、发热或火灾事故。

（11）空调器换季不用时，应拔掉电源插头，取出遥控器里的电池，以防意外损害，室内外机清洗完并干燥后，应盖上保护罩。

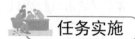 **任务实施**

1. 准备空调、基本拆装工具等实训器材。
2. 学生按 5~8 人分成工作小组，布置工作任务。
（1）阅读空调的说明书，了解电器的基本参数。
（2）观察空调的结构组成，分析空调的工作过程，并组内讨论其结构及工作原理。
（3）教师拆解空调，指导学生仔细观察内部零件。
3. 配合实训步骤，进行相关知识学习。
（1）观察空调结构组成及工作原理。
（2）阅读说明书并讨论，学习空调的使用方法。
（3）操作使用空调，掌握空调的使用与维护方法。
（4）拆解空调，学习电器中的主要元件。
4. 学习总结与讨论。

 同步测试

一、填空题

1. 热泵型空调器当外界气温很低时，制热效率_____。
2. 微电脑空调器的电脑自动除霜功能有_____和_____方式。
3. 微电脑空调器的保护功能除了对压缩机_____、_____保护外，还具有对_____的过热保护。

二、简答题

1. 热泵型空调器中四通电磁换向阀的作用是什么？
2. 微电脑控制的空调器所能实现的功能有哪些？
3. 变频式空调器有哪些优点？

 项目评价

序号	任务	分值	评分标准	组评	师评	得分
1	电冰箱的使用与维护	40	1. 介绍电冰箱的结构组成及工作原理 2. 描述电冰箱的使用方法及注意事项 3. 正确操作使用电冰箱储存食物 4. 掌握电冰箱温度调节及清洁维护方法			
2	空调的使用与维护	40	1. 介绍空调的结构组成及工作原理 2. 描述空调的使用方法及注意事项 3. 正确操作使用空调调节室内温度 4. 掌握空调工作模式、温度调节、风向调节及清洁维护方法			
3	小组总结	20	分组讨论，总结项目学习心得体会			
指导教师：				得分：		

答案

项目八　声像器具的使用与维护

声像器具的使用与维护

【项目介绍】

　　家用声像器具对于提高生活质量和工作效率起着非常重要的作用。本项目以家庭中最基础的电视机为核心，讲述现代家庭当中常用的声像设备，详细介绍常见家庭声像设备的原理、配置、连接方式及使用中需要注意的问题。

【知识目标】

1. 了解电视机的发展、种类和基本原理。
2. 掌握电视机的选购、参数调整、使用维护方法。
3. 熟悉电视机的输入输出接口及功能。
4. 理解家用音响系统的组成及主要工作参数。
5. 掌握家用音响的选配及使用技巧。
6. 熟悉几种常用家用视听系统的匹配方法。

【技能目标】

1. 会阅读电视机、音响说明书，并能分析其基本性能。
2. 会利用开关、调整旋钮、遥控器等方法调整电视、音响系统的效果参数。
3. 会根据实际需求选配家用声像系统。
4. 能按照示意图和实际材料连接家用视听系统。

【素质目标】

1. 培养感恩社会、热爱生活的良好心态。
2. 培养善于思考、勇于创新的探索精神。
3. 培养互相信任、互助协作的团队意识。

张先生乔迁新居，朋友为表示祝贺送他一套家用组合音响，组成家庭影院系统。但张先生年龄较大，无法正常安装，请根据他的需求完成以下工作：

1. 根据家居情况合理布置家用音响系统。
2. 完成家用组合音响与电视的连接。
3. 教会张先生常规操作，以便其后期使用。

任务一　彩色电视的使用与维护

任务描述

电视机作为人们娱乐休闲的重要工具，在现代家电中的地位举足轻重。本任务主要介绍家用电视机的规格种类、组成原理、选购布置、使用维护等知识，养成良好的使用习惯。

任务分析

完成本任务需要家政从业人员有着严谨认真的工作态度，熟悉电视相关基础知识，了解电视的种类特点、工作原理，能够对电视的选用有科学的把握，进而掌握电视的日常使用维护技巧。

相关知识

一、电视机的种类

随着科技的发展以及社会的进步，电视机也经历了自己的成长，功能越来越强大，种类越来越复杂，分类方法也有很多。

（1）按显像颜色　可分为黑白电视机和彩色电视机两类。彩色电视机能更真实、更生动地反映出原有景物的实际情况，观影效果更好，在中国市场已全面取代了黑白电视机。

（2）按屏幕尺寸　家用电视机普遍在 14～80 英寸之间。电视机的屏幕尺寸通常指对角线长度，相同尺寸的屏幕长度、高度并不是完全相等的，常见宽高比例有 4∶3、16∶9，传统电视宽高比多为 4∶3，目前纯平电视以 16∶9 居多。

（3）按成像原理　可分为显像管（CRT）电视、液晶（LCD）电视、等离子（PDP）

电视、发光二极管（OLED）电视和背投电视等。

CRT 技术分辨率高、对比度好、色彩饱和度佳、对信号的兼容性强，技术最为成熟；但产品亮度低、易老化且不是数字显示。LCD 具有图像无闪烁、厚度薄、重量轻等优点；缺点是不易大屏幕化、观看受视角影响大。PDP 的优点是亮度高、色彩还原性好、响应速度快等，相对 LCD 而言画质稍差且能耗高。OLED 是直投电视中最先进的技术，它响应最快、色域最广、质量最轻、可做成曲面，只是价格目前普遍较高。

（4）按接收信号　有模拟信号、数字信号、网络信号等几种。

模拟电视信号由有线和天线进行传播，容易受自然环境的影响，应用面越来越窄。

数字电视信号通常由卫星、地面和有线进行传播，不容易受自然环境的影响，目前在机顶盒中应用最为广泛，同时大部分智能电视也可接入。

网络电视信号是最新的一种信号形式，它由第三方 App 在互联网提供节目源，可以通过专门网络机顶盒接入电视机。

二、电视机的组成与原理

电视机成像原理不同，其内部结构有着很大差别，以液晶电视机为例，其内部可分为电源板、电视主板、逻辑板、背光模块四个功能模块，除此之外还有液晶屏、屏线、按键板和扬声器输出等部件，如图 8.1 所示。

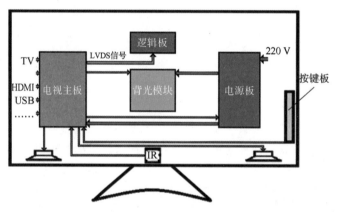

图 8.1　液晶电视机的组成

电源板的作用就是将 220 V 家用交流电转换成稳定的直流电源以保证其他部件工作，通常有+5 V、+12 V、+24 V 三种输出电压。电源板故障常导致黑屏、背光不亮、指示灯不亮、遥控按键不起作用等现象。

主板模块是液晶电视中信号处理的核心部分。它在系统控制电路的作用下将按键信号、遥控器信号、控制电源板开关、背光模块信号、各类视频信号等外接输入信号转换为 LVDS 信号（低压差分信号）输送给逻辑板，同时驱动内置喇叭。电视主板出现问题，会导致指示灯不亮、指示灯颜色异常、遥控器和按键无响应、黑屏、花屏等现象。

逻辑板相当于一个信号中转站，它是一个有内置移位寄存器（水平和垂直移位）的专用模块电路，其自身有软件和工作程序，主要功能是将电视主板输出的 LVDS 信号转换成液晶屏能处理的图像信号、时钟信号等行列驱动信号。当逻辑板损坏时，会出现画面黑屏、花屏、条纹干扰、屏闪、屏保等异常现象。

背光模块作用是为液晶屏内部的灯管供电，点亮液晶屏模块的背灯组件。背光板由电源板供给 DC 24 V 输入电压，主板调控输出电压（0~5 V），以实现液晶屏的亮度调节。

电视机液晶屏是由屏和背光灯组装在一起的一套组件，如图 8.2 所示，也称为液晶模组。背光灯由背光模块驱动发出均匀的面光，经液晶屏按像素进行处理后显示出图像。

图 8.2　电视机液晶屏

扬声器的作用是将电信号转换为声音。电视机扬声器为全音喇叭，频率在 150 Hz ~ 20 kHz 之间，功率为 10~15 W。一般采用纸盆扬声器，如图 8.3 所示，主要由永久磁铁、支架、定心支片、铜线音圈、振模折环锥形纸盆组成。

电视机遥控器的主要作用是对整机操作调试，是电视机不可缺少的配套设备。遥控器使用的频率都是 38 kHz，是用一定方式对不同的按键进行编码，如图 8.4 所示，通过专用的集成电路产生调制波，通过红外线二极管发射出去，电视机接收之后进行解码再执行相应的动作。红外遥控器的遥控范围大约在 12 m 以内，而且需要直线传输。

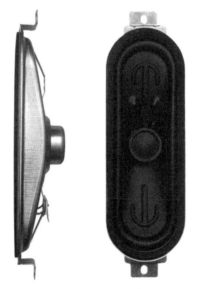

图 8.3　电视机扬声器　　　　　　　图 8.4　电视机遥控器

三、电视机的常用参数与选择

电视机的产品种类十分丰富，随着科技的进步和网络技术的发展，现代家庭越来越青睐智能电视。下面从电视屏幕、硬件配置、操作软件等方面介绍电视机的常用参数与选购。

1. 电视屏幕

（1）尺寸　电视机的屏幕尺寸要和观影距离相适宜，屏幕过小固然影响观影效果，但若屏幕过大，会对观看者的眼睛造成压迫，伤害到眼睛，因此液晶电视尺寸也需要根据房间的实际情况来选择。常见家用电视机尺寸与最佳视距见表8.1。

表8.1　常见家用电视机尺寸与最佳视距

标称屏幕尺寸/英寸	屏幕可视尺寸/英寸	屏幕实际高度/cm	最佳视距/cm
32	30	30×1.245＝37.35	112～187
37	35	30×1.245＝43.575	132～227
40	39	39×1.245＝48.555	147～249
42	41	41×1.245＝51.045	153～255
47	46	46×1.245＝57.27	171～293
50	49	49×1.245＝61.005	183～305
52	51	51×1.245＝63.495	189～310

（2）分辨率　屏幕分辨率代表了一副图像中的细节精细度，指显示器所能显示的像素的多少。在屏幕尺寸一样的情况下，分辨率越高，像素的数目越多，电视机画面就会越清晰。液晶电视机的分辨率一般有 800×600、1280×768、1366×768 这几种分辨率，而平时所说的 1080p 数字高清分辨率则为 1920×1080，4K 超高清电视分辨率可达 3840×2160。当然，电视机说明书标注的分辨率是最高值，可以通过电视机上的调整按钮或遥控器在一定范围内调整。

（3）响应时间　是液晶电视各像素点对输入信号反应的速度，即像素由暗转亮或由亮转暗所需要的时间。由于成像原理的限制，液晶电视的显示响应时间偏长，像素点对输入信号的反应速度跟不上，体现到图像上就是容易出现动态残影、拖影，比如观看足球比赛、赛车比赛及快速画面时，响应时间不佳的话，画面会有拖影出现，影响观看效果。目前对于液晶电视而言，16 ms 的响应时间就能够满足肉眼的视觉要求，欣赏电视节目没有任何问题。现在的液晶电视产品响应时间基本上都达到了 6 ms、8 ms，甚至达到了 3 ms、4 ms，基本不会出现拖影现象。

（4）可视角度　即用户可以从不同的方向清晰地观察屏幕上所有内容的角度。由于提供液晶显示的光源经折射和反射后输出时已有一定的方向性，超出这一范围观看就会产生色彩失真现象。CRT 电视不会有这个问题。

（5）屏幕刷新率　电视的屏幕刷新率是指一秒钟内电视能闪过多少个画面。屏幕刷新率越高，显示的画面越多，观看效果越流畅。目前大多数电视都是 60 Hz 的屏幕刷新率，部分中高端机型的屏幕刷新率可达到 120 Hz。

（6）亮度和对比度　亮度是指画面的明亮程度，单位是坎德拉每平方米（cd/m²）或称 nits。电视机亮度过低，昏暗场景显示不出效果，影像不清晰，画质较差；电视机亮度过高，会灼伤人的眼睛，损害视力。对比度也就是从黑到白的渐变层次。对比度越高，画面还原的层次感越好，锐利程度越高，图像越清晰；对比度不够，画面暗淡，则缺乏表现力。

2. 硬件配置

（1）机芯　智能电视机的机芯有中央处理器 CPU、图形处理器 GPU、图像处理器 VPU

等。CPU 是电视的运算核心和控制中心，其性能取决于 CPU 核心数量和运行主频，直接影响电视的运行速度，常见的有双核、四核，高端电视也有的配置八核 CPU。GPU 和 VPU 均为显示处理核心，主要功能是提高电视画面的动态效果，一些高端智能电视机才会配置。

（2）随机存储器 RAM　和电脑、手机一样，它是与 CPU 直接交换数据的内部存储器，可随时读写，通常作为操作系统或其他正在运行中的程序的临时数据存储媒介，也称为运行内存。目前电视机多配置 DDR3 和 DDR4 类型 RAM，容量有 1 GB、2 GB、4 GB 不等，高清数字电视运行内存容量一般要求 2 GB 以上。

（3）只读存储器 ROM　是一个固定的存储空间，用来存放电视机的系统文件，如总线数据、各种设置状态及频道信息等数据。存储空间大小意味着你能在电视上装多少软件，下多少视频，放多少首歌等，主要是用来装软件的，智能电视最好选择 8 GB 及以上的存储空间。

（4）其他设备　如蓝牙、无线网卡、HDMI 接口、USB 接口等，数量越多配置越好。

3. 操作系统

电视机操作系统是电视实现智能化的重要前提，目前有 Android、Windows、iOS 等几种，其中 Android 操作系统在智能电视中应用最为广泛。Android 操作系统是一种全开放式平台，基于此系统的各种应用程序也非常多，占据了主流产品的 90% 以上。

四、电视机的正确使用与维护

（1）电视机放置要稳定，要放在干燥、洁净通风且能避免阳光直射的地方，因为潮湿和积灰容易引起机内打火，而显像管受到阳光或强光直射会加速老化。

（2）收看电视节目的房间，光线要适度，太暗易使眼睛疲劳；过亮，显像管亮度增大，易使显像管衰老，一般可在电视机旁开只 8 W 的日光灯。

（3）避免连续使用的时间长度，也就是让电视休息一会儿，长时间使用会使电视的内部零件高温从而烧坏内部零件或加速零件的老化。长时间停留在同一个画面，会导致部分像素过热，从而导致屏幕没有画面。

（4）禁止尖锐物品碰撞电视机的屏幕，它十分脆弱，无法承受较大撞击和频繁的震动。如果撞击严重，屏内的零件会脱离自己的区域，从而影响别的部分零件正常工作，甚至会出现屏幕裂口、花屏等。

（5）注意保持电视机的干燥，使用频率不高的家庭，也要适时给电视通一下电，让里面的零件热起来从而驱赶内部的潮湿。

（6）正确清洁电视机屏幕，切忌使用酒精一类的化学溶液进行清洁，以免损坏涂层。应使用柔软的布蘸少许玻璃清洁剂轻轻地擦拭，擦拭时力度要轻，否则屏幕会因此而短路损坏。也可用软布蘸少量的水来擦净，注意水一定不要过量，否则可能会导致屏幕短路或者不清晰。如果电视已经进水，禁止通电使用，应放在温暖通风的地方自然蒸干内部水分。

（7）电视机出现故障，非专业人员切忌盲目拆解。电视机即使是在断电的时候，其内部电压也会对人体产生致命危害。错误的处理轻则使电视出现更大问题，重则使电视报废。

　**任务实施**

1. 准备电视机、遥控器、说明书、抹布、清洁剂等实训器材。

2. 学生按 5~8 人分成工作小组，布置工作任务。

（1）熟悉电视机，试验遥控器各种功能，并对电视进行显示设置比较。

（2）阅读电视机的说明书，了解其基本参数。

（3）调整电视机视角、位置及观看环境，引导学生仔细体验观看效果。

（4）合理调配清洁剂，利用柔软抹布清洁电视机外壳、屏幕。

3. 配合实训步骤，进行相关知识学习。

（1）电视机观察阶段，学习电视机的种类、组成、原理。

（2）说明书阅读及讨论阶段，学习电视机的参数及选用。

（3）电视机测试调整阶段，学习使用与维护。

4. 学习总结与讨论。

5. 知识拓展与开放性作业。

 同步测试

一、 选择题

1. 传统的"大背头"电视机其成像技术属于（　　　）。

A. CRT B. LCD C. PDP D. OLED

2. 我们所说的 42 英寸电视机，指的是（　　　）。

A. 电视机屏幕长度 B. 电视机屏幕宽度

C. 电视机屏幕对角线长度 D. 电视机屏幕厚度

3. 42 英寸电视机最佳观看距离是（　　　）。

A. 112~187 cm B. 147~249 cm C. 153~155 cm D. 183~205 cm

二、 判断题

1. 电视机电源板可将 220 V 交流电转换成其他部件所需的直流电。 （　　　）

2. 电视机红外遥控器的遥控范围大约在 18 m。 （　　　）

3. 电视机长期不用会使内部部件受潮而老化，影响使用寿命。 （　　　）

4. 电视机液晶屏幕可以用医用酒精清洁消毒。 （　　　）

任务二

家庭音响系统的使用与维护

任务描述

一个体验度高的家庭视听房间除有高质量的播放设备外要配备高质量的家庭音响系统。本任务主要介绍家庭音响系统的常见形式、基本组成、设备配置、摆位调试等知识，组成良好的听觉效果。

任务分析

完成本任务需要家政从业人员拥有饱满的工作热情，对家用音响系统相关知识能够熟悉，了解家庭音响系统的种类特点，掌握其组成与功用，能够对音响的选用、布置、调试有科学的理解。

相关知识

一、家庭音响系统的特点与形式

音响系统是指用传声器把原发声场声音的声波信号转换为电信号，并按一定的要求将电信号通过一些电子设备的处理，最终用扬声器将电信号再转换为声波信号重放，这一从传声器到扬声器的整个构成就是音响系统。

音响系统按用途分为专业音响和家用音响两类。专业音响一般用于舞厅、KTV、影院、会议室和体育场馆等专业文娱场所，场所不同声音要求也不同，需要进行专业配置。家用音响一般用于家庭室内播放，其特点是放音音质细腻柔和，外形较为精致、美观，放音声压级不太高，承受的功率相对较少，而且声音传播的范围也小。

现代家庭音响系统有家庭影院系统、纯音乐系统、家庭卡拉 OK 系统、组合音响等四种形式。

1. 家庭影院系统

家庭影院，英文名称 Home Theater。家庭影院系统是在家庭环境中搭建的一个接近影院效果的可欣赏电影享受音乐的系统。家庭影院系统可让家庭用户在家欣赏环绕影院效果的影碟片、聆听专业级别音响带来的音乐并且支持卡拉 OK 娱乐。家庭影院系统如图 8.5 所示，它不仅仅包括一套音响系统，还有节目源器材（CD 机、VCD 机、DVD 机、硬盘播放机、蓝光机）、视频显示器材（投影仪、大屏电视）等装备。家庭影院使用方便、配置简单、观影效果好，是目前家庭最受欢迎的视听系统。

图 8.5 家庭影院系统

2. 纯音乐系统

纯音乐系统（图 8.6）又称为高保真（Hi-Fi）系统，其功能是欣赏音乐，能原汁原味地重现声音。从声场角度上讲，纯音乐系统讲究声场的宽度、厚度感，声像的结像力强、解析力高、定位准确，声音层次分明、细腻清晰、音乐味强。从技术角度上讲，对器材的技术指标要求很高。纯音乐系统是家庭音响系统中品位最高、档次最高的，有一体式、套装式、组合式等几种，配置不同价格差异很大。

图 8.6　纯音乐系统

3. 家庭卡拉 OK 系统

卡拉 OK 是一种不需要乐队伴奏自己也能进行演唱的自娱自乐形式，其形式活泼，对设备要求不高，深受家庭喜爱。家庭卡拉 OK 系统很少有专门设置，通常在纯音系统、家庭影院系统的基础上增设麦克风、点歌设备等升级而成。

4. 组合音响

组合音响是集各种音响设备于一体或将多种音响设备组合后的多声道环绕立体声放音系统，一般具有收、录、放、唱功能。组合音响兼容音像功能，用 DVD 机代替 CD 机后，不仅能播放音频信号，还能播放视频信号。它功能齐全、外观优美、价格低廉，曾在国内家庭音响系统中占据着主导地位。随着人们音乐欣赏水平的不断提升，组合音响在音质、音色方面的缺点被放大，更多家庭选择音响组合。在同价位下，音响组合的音质、音色效果更佳。

二、家庭音响系统的组成与选用

音响系统由音源、调音台、功率放大器、音箱等组成，如图 8.7 所示，有些简易家用音响系统常把调音台和功率放大器组成一体。

1. 音源

音源有两层含义：一是指记录声音的载体，如磁带、唱片、CD 等，只有先把声音记录

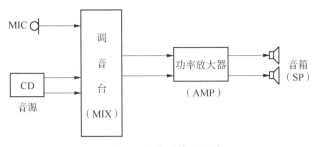

图 8.7 音响系统的组成

在某种载体上,才谈得上用音响设备把载体上的声音还原出来。音源的另一层含义,是指播放音源载体的设备,例如录音机、LP/LP 唱机、CD 机、VCD 机、DVD 机、硬盘播放机、蓝光机等。

按信号记录处理方式可将音源分为模拟音源和数字音源两类,由于数字音源具有携带方便、易复制、音损小等特点,在 20 世纪末逐步将模拟音源取代。目前 CD、VCD 机已经很少使用,DVD 采用纯数字化的设计,大多配有 AC-3 的接口,可直接组成带 AC-3 的杜比环绕声系统,成为家庭首选。

2. 功放

功放是功率放大器的简称,其主要任务是把来自信号源的微弱电信号进行放大以驱动扬声器发出声音。按用途分为 AV 功放和 Hi-Fi 功放:AV 功放一般具备 4 个以上的声道数以及环绕声解码功能,且带有一个显示屏;Hi-Fi 功放一般仅设计有两声道。前者在家庭中最为常用,后者适合纯音乐系统。功放按功能有前置功放、后置功放和合并功放三种,家用功放基本上都是合并功放。

功放的主要性能指标有输出功率、频率响应、失真度、信噪比、输出阻抗、阻尼系数等。图 8.8 为天龙 AVR-X1000 的主要技术指标。

前　置	80 W+80 W
	（8 Ω，20 Hz~20 kHz，有 0.08 % T.H.D.）
	120 W+120 W（6 Ω，1 kHz，有 0.7 % T.H.D.）
中　置	80 W（8 Ω，20 Hz~20 kHz，有 0.08 % T.H.D.）
	120 W（6 Ω，1 kHz，有 0.7 % T.H.D.）
环　绕	80 W+80 W
	（8 Ω，20 Hz~20 kHz，有 0.08 % T.H.D.）
	120 W+120 W（6 Ω，1 kHz，有 0.7 % T.H.D.）
实际最大输出	135 W+135 W（6 Ω，1 kHz，有 10 % T.H.D.，2声道处于已驱动状态，JEITA）
	175 W（6 Ω，1 kHz，有 10 % T.H.D.，1声道处于已驱动状态，JEITA）
输出端子	6 Ω
输入灵敏度/输入阻抗	200 mV/47 k Ω
频率响应	10 Hz~100 kHz—+1，-3 dB（DIRECT（直入）模式）
S/N（信噪比）	98 dB（IHF-A加权，DIRECT（直入）模式）

图 8.8 天龙 AVR-X1000 的主要技术指标

家用 AV 功放应能支持多输入或多声道的解码输出，同时考虑较大的功率输出和阻抗匹配。功放的功率应为音箱的 1.5~2 倍，两者阻抗如果有一些轻微偏差，对音质不会有明显影响，而只会对功放的输出功率产生作用，不过如果音箱输入阻抗低于功放输出阻抗很多时，会造成失真明显增加，严重的时候还会损毁功放。

3. 音箱

音箱是将音频信号变换为声音的设备，也是整个音响系统的终端，其作用是把音频电能转换成相应的声能，并把它辐射到空间去。由于人耳对声音的主观感受正是评价一个音响系统音质好坏的最重要的标准，因此，音箱的性能高低对音响系统的音质起着关键作用。

家用音箱音质细腻柔和，外形精致美观，放音声压级低，功率相对较小。按放音频率可分为全频带音箱、低音音箱和超低音音箱。全频带音箱是指能覆盖低频、中频和高频范围放音的音箱。全频带音箱的下限频率一般为 30~60 Hz，上限频率为 15~20 kHz。在一般中小型的音响系统中只用一对或两对全频带音箱即可完全担负放音任务。低音音箱和超低音音箱一般是用来补充全频带音箱的低频和超低频放音的专用音箱。

对普通家庭来讲，客厅即是听音室，空间十分有限，需在装饰材料、家具布置、音箱选用等方面合理设计方能达到最好的视听效果。家用音箱对灵敏度、指向特性、频响特性要求稍高，尽量选用全频音箱，功率足够即可，每声道的"连续输出功率"可在 20~25 W 之间。音箱的种类要匹配合理，摆放尽量几何对称，以形成对称声场。如家庭影院常采用 5.1 音箱配置，如图 8.9 所示，它包括 2 个前置音箱、2 个环绕音箱、1 个中置音箱、1 个超低音音箱，合理布置后组成重低音打造环绕的音响效果。

图 8.9　家用 5.1 音箱

三、家庭音响系统的摆位与调试

音响系统可选用两种方式进行安装：一是随装修设计提前整体规划，其音箱采用内嵌式音箱装吊顶层内或将箱式音箱吊挂至墙壁上；二是装修完成后，根据需要采买，然后进行安装调试。家用音响系统多属于后者。

1. 家庭音响系统的摆位

考虑到声场的几何对称和日常使用的方便性，播放设备和功放常置于显示设备的正下方。音箱的位置直接影响声场的形成，必须重点考虑，家用 7.1 音响系统的摆位方式如图 8.10 所示。

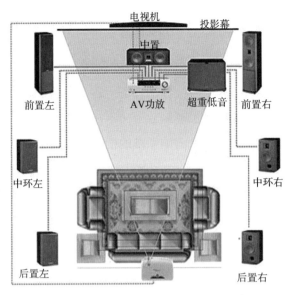

图 8.10　家用 7.1 音响系统的摆位方式

（1）前置音箱的摆位　前置音箱由两只主音箱和一只中置音箱组成，简称 LCR 声道。LCR 音箱最佳布置方案为中置音箱位居正中，两主音箱对称置于两侧且与耳朵成 45°～60°。注意三音箱最好同一水平高度，若家居布置无法实现，可将中置音箱置于显示设备的下沿。

（2）环绕音箱的摆位　环绕音箱一般为 2 只或 4 只，可与前置音箱对向摆放或与耳朵成 60°，一般高出头部 60～90 mm，与地面水平高度 1.8～2.2 m，因此需用音箱支架固定在墙壁上。

（3）超低音音箱摆位　超低音音箱主要用来弥补主音响的低频下限不足，同时还可以起到增加低频能量的作用。理论上超低音音箱可以放在房间中任何一个位置，但实际常需要其放在房间中不同的位置来试听，再根据视听效果以找出最佳放置点。注意：超低音音箱不要放在容易谐振的物体上，后部要与墙体保持一定距离。

2. 家庭音响系统的调试

首先量度出每个音响到人耳之间的距离（一般以高音单元到人耳之间的距离为准），并将测量的距离值输入到 AV 放大器中。然后在聆听位置上利用声压计测量出每个声道的输出声压，并根据读数对 AV 放大器里面各声道的输出电平进行独立的调整，让每个声道的声压达到 80 dB 的参考声压值。音响设置就基本完成。

如要追求更好的音响效果，则需使用均衡器来对房间的频响曲线作修正，最好由专业人员来完成。

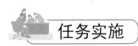 **任务实施**

1. 准备音响设备若干、说明书、支架、配套播放器等实训器材。

2. 学生按 5～8 人分成工作小组，布置工作任务。

（1）熟悉音响设备，了解各种开关、接口。

（2）阅读音响设备的说明书，了解其基本参数。

（3）音响系统摆位、连接调试，引导学生体验音响效果。

3. 配合实训步骤，进行相关知识学习。

（1）音响设备观察阶段，学习音响系统的种类、特点。

（2）说明书阅读及讨论阶段，学习音响系统的组成、选用。

（3）音响系统安装阶段，学习家庭音响系统的摆位与调试。

4. 学习总结与讨论。

5. 知识拓展与开放性作业。

 同步测试

一、选择题

1. 对于音乐发烧友，在经济许可的情况下最理想的选择是（　　　）。

A. Hi-Fi 系统　　　　　　　　　　　B. 家庭影院系统

C. 音响组合　　　　　　　　　　　　D. 卡拉 OK

2. 家庭空间有限，音响系统音箱的功率一般在（　　　）。

A. 10~15 W　　　　B. 20~25 W　　　　C. 30~35 W　　　　D. 40~45 W

3. 音响系统功放功率的匹配最需要考虑的是（　　　）。

A. 电视机的功率　　　　　　　　　　B. 音箱的总功率

C. 播放器的总功率　　　　　　　　　D. 线材的传输功率

4. 环绕音箱的摆位需在同一水平线，宜与耳朵成（　　　）。

A. 30°　　　　　　B. 45°　　　　　　C. 60°　　　　　　D. 90°

二、判断题

1. 目前家庭音响系统最常用的音源是 DVD。　　　　　　　　　　　　　　（　　　）

2. 与 5.1 音箱系统相比，家用 7.1 音箱系统多两个后置音箱。　　　　　（　　　）

3. 超低音音箱最好不要放在容易谐振的物体上。　　　　　　　　　　　（　　　）

任务三

家用视听系统的连接

任务描述

　　家用视听系统中设备与设备之间要达成联络传输、沟通等，设备接口、线材选用、方案设计等因素，对整个家用视听系统有着非常重要的影响。

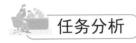

任务分析

　　完成本任务需要家政从业人员善于观察身边事物，喜欢动手操作。熟悉视听设备的接口技术与连接线材，能够根据家居环境、设备配置、市场状况合理选用连接方式，选择科学的连接方案，达到居家需要的视听效果。

相关知识

一、家用视听设备接口技术

　　"接口"定义了电子设备之间连接的物理特性，包括传输的信号频率、强度，以及相应连线的类型、数量，还包括插头、插座的结构设计。家用视听系统产品的接口种类形式繁多，用途性能也有很大差异，电子电器行业也制定了相关标准。图 8.11 所示为某型号功放机接口布置。按功能可分为音频信号接口与视频信号接口，常见音频接口有立体声接口 TRS、莲花接口 RCA、卡侬接口 XLR、S/PDIF 接口、AES/EBU 接口、同轴接口、光纤接口等；常见视频接口则有色差分量接口 YPbPr、AV 接口、VGA 接口、S-Video 接口、DVI 接口、HDMI 接口等。

图 8.11　某型号功放机接口布置

1. 音频接口技术

　　音频接口按传输信号的类型可分为模拟音频接口和数字音频接口，模拟音频接口发展较早，结构形式差异很大，但在音频领域中占有很大的比重。

　　（1）TRS 接口　TRS 的含义是 Tip（signal）、Ring（signal）、Sleeve（ground），分别代表了这种接头的 3 个触点，它们是被两段绝缘材料隔离开的三段金属柱，如图 8.12 所示。TRS 接口为一个圆孔，其内部与接头的三个触点对应，彼此之间也被绝缘材料隔开。TRS 接口通常有三种尺寸：1/4″（6.3 mm）、1/8″（3.5 mm）、3/32″（2.5 mm），目前以 3.5 mm 三芯插头最常见，6.3 mm 的接头则多用在专业设备上。有些为四芯插头，多出来的那一芯用来传送语音信号或控制信号，常用到手机上。

图 8.12　各尺寸 TRS 接口

（2）RCA 接口　　RCA 是美国无线电公司的英文缩写（Radio Corporation of America），RCA 接口则源于该公司的设计。RCA 接口采用同轴传输信号的方式，中轴用来传输信号，外沿一圈的接触层用来接地，是一种音频、视频分离传输的接口技术，被广泛应用于电视、音箱、播放机、电脑等设备。RCA 接口及应用如图 8.13 所示，数量可根据实际需要设计，通常做成不同的颜色，一般为三个，标记为 V（视频）、L（左声道）、R（右声道）。

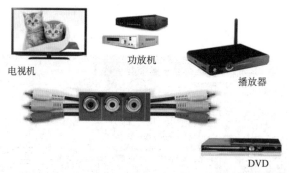

图 8.13　RCA 接口及应用

（3）XLR 接口　　XLR 接口也称为"卡侬接口"，由 Cannon Electric 公司最早生产设计。最早的产品是"Cannon X"系列，后来改进产品增加了一个锁定装置（Latch），于是在"X"后面增加了一个"L"；再后来又围绕着接头的金属触点增加了橡胶封口（Rubber compound），于是又在"L"后面增加了一个"R"。人们就把三个大写字母组合在一起，称这种接头为 XLR 接头。

卡侬连接插件在专业家庭影院音响系统中使用最广泛，它有 2 脚、3 脚、4 脚、5 脚、6 脚等多种形式，其中以 3 脚应用最为普遍，其结构与针脚布置如图 8.14 所示。

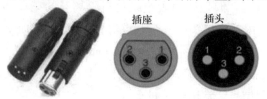

图 8.14　卡侬连接插件的结构与针脚布置

（4）AES/EBU 接口　AES/EBU 是 Audio Engineering Society/European Broadcast Union（音频工程师协会/欧洲广播联盟）的缩写，是现在较为流行的专业数字音频标准，也被称为 AES3。它是基于单根绞合线对于传输数字音频数据的串行位传输协议，无须均衡即可在长达 100 m 的距离上传输数据。

（5）S/PDIF 接口　S/PDIF 是 Sony/Philips Digital Interconnect Format 的缩写，是索尼与飞利浦公司合作开发的一种民用数字音频接口协议。S/PDIF 接口一般有三种：RCA 同轴接口、BNC 同轴接口和光纤接口。在国际标准中，S/PDIF 接口需要 BNC 接口 75 Ω 电缆传输，而实际大部分家用电器采用 RCA 和 3.5 mm 接口。

（6）光纤接口　光纤接口的英文名字为 TOSLINK，来源于东芝（Toshiba）制定的技术标准，器材上一般标为"Optical"。它的物理接口分为两种类型，一种是标准方头，另一种是在便携设备上常见的外观与 3.5 mm TRS 接口类似的圆头。由于它是以光脉冲的形式来传输数字信号，因此单从技术角度来说，它是传输速度最快的。

2. 视频接口技术

视频接口的主要作用是将视频信号输出到外部设备，或者将外部采集的视频信号收集起来。随着视频技术的不断发展，人们对视频的输出质量要求越来越高，目前 HMDI 接口成为电视机、机顶盒、功放等设备应用最广的数字视频接口，除此之外 RCA 接口、VGA 接口、DVI 接口等应用也较为普遍。

（1）HDMI 接口　HDMI 是 High Definition Multimedia Interface（高清多媒体接口）的缩写。HDMI 技术起源于由日立、松下、飞利浦、Silicon Image、索尼、汤姆逊、东芝等 7 家公司发起的 HDMI 高清多媒体接口组织，HDMI 1.0 版标准于 2002 年 12 月 9 日正式发布。HDMI 目前分为 6 个版本：1.0、1.1、1.2、1.3、1.4、2.0，目前市面上以 1.1、1.2、1.3 为主，其中 1.4 支持 3D，支持 4K。HDMI 接口可以同时传输音频与视频，而且是采用全数字信号，安装非常方便。HDMI 接口可以分为标准 HDMI 接口、迷你 HDMI 接口、微型 HDMI 接口三类，其尺寸和用途如图 8.15 所示，三种接口只是在体积上有区别，功能相同。

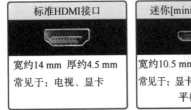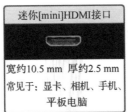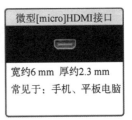

图 8.15　HDMI 接口的尺寸和用途

（2）VGA 接口　VGA 接口源于电脑的输入接口，由于 CRT 显示器无法直接接收数字信号的输入，所以显卡只能采取将模拟信号输入显示器的方式来获得画面。而 VGA 就是将模拟信号传输到显示器的接口。

VGA 接口共有 15 针/孔，分成三排，每排五个，如图 8.16 所示。VGA 接口是显卡上应用最为广泛的接口类型，绝大多数的显卡都带有此种接口。

（3）DVI 接口　DVI 接口有两个标准：25 针和 29 针，如图 8.17 所示。直观来说，这两种接口没有区别。DVI 接口传输的是数字信号，可以传输大分辨率的视频信号。DVI 连接计算机显卡和显示器时不用发生转换，所以信号没有损失。

图 8.16　VGA 接口的针脚布置

DVI-D接口　　　　　　　　　　DVI-I接口

图 8.17　25 针和 29 针 DVI 接口的针脚布置

二、家用视听系统的线材

音箱线材是连接视听设备、传输音频视频信号的桥梁。在信号传输的过程中，线材的电阻、电感、电容特性会形成滤波效果，其他电子设备的工作产生的电磁干扰，都会导致信号削弱或污染，因此线材被誉为音响系统的"神经线"。

1. 视听系统线材的种类

目前家庭常用的音响线材有专业音频线、同轴电缆线、光纤线等几种。

（1）专业音频线　专业音频线采用了单晶铜镀银材料，多股线芯缠绕结构，外覆专业屏蔽网，如图 8.18 所示，具有信号衰减小、屏蔽效果好、耐弯折拉扯等优点，是最广泛的音响线材。根据线内导线数量有两芯、三芯、四芯、五芯等几种，现在较专业的话筒一般使用三芯以上的线材。当然这种线材也可以传送其他信号，如传送电脑灯的 DMX512 控制信号。

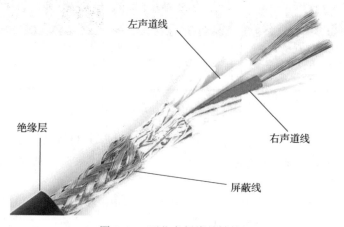

左声道线

绝缘层

右声道线

屏蔽线

图 8.18　两芯音频线的结构

（2）同轴电缆线　同轴电缆线是由绝缘材料隔离的铜线导体，由外到内依次为外护套、外导体层、绝缘体和内导体等，如图 8.19 所示。同轴电缆的优点是阻抗稳定，传输带宽高，抗干扰能力较差。同轴电缆线接头分为 RCA 和 BNC 两种，多用于视频传输。搭配标准接头 BNC 做成同轴数字传输线频宽可达几百兆赫，适用于传输高频率数字信号，是数字家庭影院系统的必备利器。

图 8.19　同轴电缆的结构

（3）光纤线　光纤是通过一种光导体、利用光作载体来传送数字音频信号的介质。早在 1987 年日本电子工业协会建立了数字音频跳线标准，目前最常用的为直径 1.0 mm、数值孔径（NA）0.5 PMMA 芯塑料光纤，外覆阻燃 PVC 护套，音频传输接头一般匹配 TOSLINK 接口，如图 8.20 所示。塑料光纤具有重量轻、不导电、传输效率高、无电磁干扰、安装简便、成本低廉等优点，被广泛应用于 MD 播放器、网络电视、摄像机、音响系统、高清影音播放系统等多媒体娱乐系统。

图 8.20　塑料光纤的 TOSLINK 接口

2. 视听系统线材的使用

线材使用性能的影响因素有材质、纯度、尺寸、线径、屏蔽线、绝缘材料等，其中组成线缆的导电线芯、绝缘材料的材质、线缆的结构是选用线材的要素，在使用中也要注意以下几点：

（1）在够用的前提下，线材应尽可能短，线材过长会增加信号损耗，降低信号传输质量。

（2）线路布置尽量平直，弯曲或缠绕都会阻滞信号传输。

（3）接头与设备之间的连接一定要紧固，防止接触不良。

（4）同一功能具备多种选择时，应优先选用效果最佳的一种。设备一般不可同时用两种或两种以上的方式传输信号。

（5）使用一段时间后，由于线材接口的端子长时间裸露在空气中，有可能被氧化，以致损害信号的传输。若出现这种情况，应及时换接头或线材。

（6）功放、音箱等音响设备的功率要与线材参数相匹配。音响功率较大，可选用较粗一点的喇叭线，反之亦然。喇叭线大小与音响功率大小不匹配，会有损音质，严重的还会烧坏音响零部件。

三、家用视听系统的连接

随着网络通信技术的发展，家用视听系统也逐步形成了以网络为基础的家用视听系统，其中网络电视、设备无线通信技术成为新的潮流。新型数字网络电视终端可直接通过网线或无线网课等设备接入，实现在线点播、在线直播、K 歌、学习、购物等活动，传统电视机或硬件配置比较低的也可通过增设网络电视机顶盒，达到人机交流互动的目的。

1. 普通家庭利用音视频线连接

对于大部分普通家庭而言，家用视听设备比较简单，主要有平板电视、网络电视机顶盒、功放、音响等设备。绝大部分设备都配备 RCA 接口，完全可利用带 RCA 接头的音视频线实现连接，如图 8.21 所示。当然，根据最优功能选择思路，网络电视机顶盒与电视、功放的连接也可使用 HMDI 线。

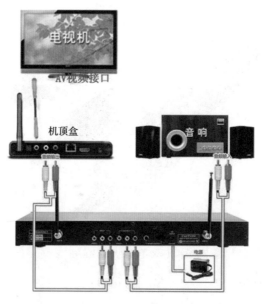

图 8.21　利用音视频线简易连接方案

2. 高端家庭有线无线混合连接

高端家庭的家用视听系统设备更加复杂，播放源比较多，可以是电视机、投影机、高清机、蓝光机等几种不同的组合，这些高端设备均可通过 HMDI 线连接至功放输入接口。音响系统往往更加专业，数量不等的音箱需利用专业音响线连接至功放的输出接口。为方便使用，防止线路繁杂，某些内置无线网卡的设备如电视机、投影机、控制器等也可通过无线路由连接，方案如图 8.22 所示。

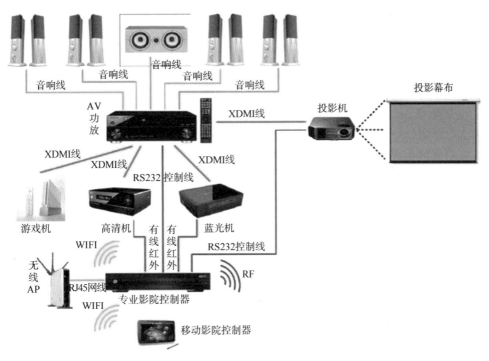

图 8.22　有线无线混合连接方案

任务实施

1. 准备音响设备若干、无线路由、电视机、配套播放器等实训器材。

2. 学生按 5~8 人分成工作小组，布置工作任务。

（1）观察视听设备接口形式、标注。

（2）观察各类线材与接头，熟悉其使用方法。

（3）视听系统连接方案制定与实施。

3. 配合实训步骤，进行相关知识学习。

（1）接口观察阶段，学习视听设备接口技术。

（2）线材观察阶段，学习线材的种类、选用。

（3）视听系统连接阶段，学习设备方案。

4. 学习总结与讨论。

5. 知识拓展与开放性作业。

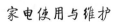 同步测试

一、选择题

1. 可支持超清数字电视传输的接口是（　　　　）。

A. AV 接口　　　　　B. VGA 接口　　　　　C. S-Video 接口　　　D. HDMI 接口

2. 家庭视听系统中应用最普遍的 XLR 卡侬接口针脚数为（　　　　）。

A. 2　　　　　　　　B. 3　　　　　　　　C. 4　　　　　　　　D. 5

3. 下列线材音视频信号传输衰减最小的是（　　　　）。

A. 专业音频线　　　　　　　　　　B. 同轴电缆线

C. 光纤线　　　　　　　　　　　　D. 集成电缆线

二、判断题

1. 手机耳机插口就是标准的 2.5 mm TRS 接口。　　　　　　　　　　　　　（　　　）

2. 音响线材布置尽量平直，弯曲或缠绕都会阻滞信号传输。　　　　　　　（　　　）

3. 随着无线网络的进步，家用音响利用 Wi-Fi 连接传输会越来越普遍。　（　　　）

项目评价

序号	任务	分值	评分标准	组评	师评	得分
1	电视机的使用与维护	30	1. 阅读电视机说明书 2. 电视机的摆放与视距 3. 电视机开关及常规操作 4. 电视机的清洁维护			
2	音响的使用与维护	30	1. 阅读音响说明书 2. 音响的摆放 3. 音响系统的连接与调试			
3	视听设备的连接	30	1. 各设备接口认知 2. 线材的合理选择 3. 视听设备的连接与调试			
4	小组总结	10	分组讨论，总结项目学习心得体会			
指导教师：				得分：		

答案

时尚潮流模块

项目九　时尚产品的使用
与维护

时尚产品的使用和维护

【项目介绍】

　　随着科技的进步，智能手机、个人电脑、数码相机成为人们日常生活中的必备单品，尤其是手机，涉及生活的方方面面，甚至达到了没有手机就寸步难行的程度。本项目分别介绍了手机、电脑、数码相机简单的工作原理、使用方法和基本的保养与维护，旨在使读者对与自己朝夕相处的数码设备有更清晰的了解。

【知识目标】

　　1. 简单了解手机、电脑、数码相机的工作原理。
　　2. 掌握数码产品使用和维护的基本方法。

【能力目标】

　　1. 能够对常见的数码产品进行简单的操作。
　　2. 能够对手机、电脑、数码相机进行基本的维护和保养。

【素质目标】

　　1. 形成良好的个人电子产品使用习惯。
　　2. 延长时尚产品的使用寿命。
　　3. 物尽其用，方便日常工作和生活。

案例引入

　　在当今时代，手机、电脑、数码相机等电子产品服务并应用于日常生活，给我们的生活带来了极大的便利，让我们日常办公、生活娱乐都得心应手。但是随着科技创新水平日益增强，电子产品更新换代很快，很多人也渐渐不怎么会操作。当今电子产品使用寿命也较短，也产生了过多的电子垃圾。所以我们应该从哪几方面来了解自己的电子产品呢？同时要怎样才能延长它的使用寿命呢？

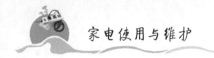

任务一

手机的使用与维护

任务描述

　　日常生活中，我们见过各种各样的手机，每类手机的结构和功能都各不相同，内部的复杂程度差异也很大。为了更好地利用手机满足日常的需求，通过本任务的学习，我们将系统了解手机基本原理，学习手机维护基础知识。

任务分析

　　观察手机的基本组成形式以及各大类的功能，从手机的说明书和相关理论知识的讲解中得到维护的相关答案。

相关知识

一、手机的基本构成

　　我们每天都在使用手机，但可能很多人都不会注意手机到底有哪些零部件，以及哪些零部件会对我们的使用体验造成重大的影响。无论是 iPhone 还是安卓手机，都包括如下核心组件：机身、屏幕、电池、主板、摄像头、扬声器、麦克风、天线等。其中，主板作为核心部件，其上又集成了 SOC、RAM、ROM、音频、电源、无线、蓝牙等各类芯片。以上各类组件中，依据对日常使用体验的影响程度，我们将其分为三大类。

（一）**性能类组件**

　　包括 SOC、RAM、ROM 这三种与手机性能直接相关的组件，它们直接影响手机的运行速度。

　　（1）SOC　手机 SOC 主要可以划分为苹果系和安卓系两大类，苹果系即 iPhone 采用的 A 系列 SOC，安卓系则包括了高通、华为海思、联发科、三星等多家厂商。SOC 并不完全等同于电脑的 CPU，它集成了包括 CPU、GPU、NPU、ISP、基带等在内的多种芯片。

　　（2）RAM（内存）　RAM 跟电脑的内存作用和意义一致，服务于 SOC，其容量越大，运行速度就越快，允许保留的后台程序也越多。目前，主流的安卓手机内存容量为 6～12 GB，iPhone 系列内存容量为 4～6 GB。对于安卓用户来说，尽量选择 RAM 容量在 8 GB 及以上的型号，预算充裕的可以直接选择 12 GB 的型号。

　　（3）ROM（闪存）　RAM 相当于电脑的内存，ROM 相当于电脑的硬盘。ROM 主要参数也包括容量和速度两大类。首先容量方面，目前主流的是 128 GB 和 256 GB。前几年流行的 64 GB 在目前软件急剧膨胀的今天已经显得力不从心，建议至少从 128 GB 起步，玩游戏的以及存视频图片多的，建议选择 256 GB 甚至更大的 512 GB 版本。其次存储速度方面，主要与闪存的规格有关。

（二）体验类组件

1. 屏幕

屏幕是手机最重要的体验类组件，用户每天都要长时间面对屏幕。屏幕品质的好坏，直接关系到使用体验，甚至会影响用户的眼睛健康。按照屏幕的发光原理，可以分为 LCD 屏和 OLED 屏两大类。OLED 为屏幕像素自身发光，而 LCD 需要依靠背光。屏幕的样式分为刘海屏、折叠屏、水滴屏、瀑布屏、挖孔屏等众多手机屏幕类型。

屏幕尺寸跟手机尺寸几乎是密切相关的（图 9.1）。得益于全面屏的普及，现在手机屏幕普遍都能做到 6～6.7 寸，6 寸以下的都可以称为"小屏机"，比如 5.4 寸的 iPhone 12 mini。屏幕尺寸方面，目前主流的 6~7 寸基本都能满足需求。

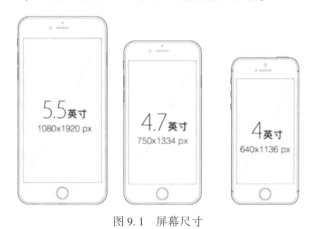

图 9.1 屏幕尺寸

分辨率方面，iPhone 阵营相对简单，主要是：2340×1080、2532×1170、2778×1284 像素分辨率。安卓阵营的情况复杂一些，常见的有 1080p（2160×1080）、1440p（2880×1440）等标准分辨率。

2. 摄像

智能手机很早就开始将摄像能力当作卖点，近几年各大旗舰品牌在影像系统方面的竞争更是趋向于白热化。下面来了解一些关于手机摄像的知识点。

（1）像素 通俗来讲，摄像头的像素越多，分辨率就越高，照片就会越清晰。但如果图像传感器尺寸没有同步加大，过密的像素点会相互干扰，画质反而会下降。所以，像素这个参数不是孤立考察的，而要同传感器尺寸一起看。目前安卓阵营的常见像素一般有 4800 万、6400 万，甚至有部分手机提供高达 1 亿的像素。

（2）图像传感器 CMOS 相机圈有一句名言叫做"底大一级压死人"，这里的"底"就是指图像传感器，也就是常说的"CMOS"。CMOS 越大，感光能力越强，画质表现就越好。传感器尺寸是按照英寸计算的，分母越小，对应的传感器尺寸也就越大。

（3）多镜头影像系统 现在的旗舰型手机，无论是苹果还是安卓，都会配备强大的多镜头影像系统（图 9.2），主要分为超广角镜头和长焦镜头。超广角镜头能够在较近的距离内拍摄出大面积的景物，当拍摄较近的景物时，会产生透视变形，还会使前后景物之间的距离感增大，适合拍摄大场面的风景照。长焦镜头可以理解为望远镜头，它能够很好地表现远处景物的细节，拍摄到一些我们不容易接近的景物。后续随着多镜头、长焦镜头在手机上的应用，越来越多厂家宣传自己具备 N 倍光学变焦、数码变焦能力。

图 9.2　多镜头影像系统

3. 电池与充电系统

电池与充电系统直接影响续航时间、充电时间，对日常使用体验影响极大。电池容量的单位是 mA·h，一般可以在手机的技术参数中看到。目前的安卓机往往会配置 4 000 mA·h 以上容量的大电池，以提升续航表现。iPhone 系列的电池容量相对保守，容量最大的也仅有 3 687 mA·h，更小尺寸的几款更是不足 3 000 mA·h。

4. 音频系统

手机音效分为内放、外放两种维度。

（1）内放指的是通过耳机输出的音质，不过目前大部分手机都在砍掉耳机孔，更不会在音质输出上做差异化。

（2）外放相对而言是更加实用的功能，尤其是对于玩游戏、看视频的用户来说，具备对称双扬声器的手机能够带来更加立体的音效。现在有一些手机号称的双扬声器，实质上有一端是利用听筒发声，声音是不对称的。

5. 操作系统

从广义上分，主流的手机操作系统分为苹果的 iOS 和安卓两大阵营，其他小众系统基本已经被市场所淘汰（图 9.3）。iOS 系统相对单纯，购买 iPhone 即可体验，但安卓系统就复杂得多，每个安卓系手机厂商都有自己的定制化系统，相互之间的表现差异极大。流行的智能手机操作系统有 Symbian OS、Andriod OS、Windows Phone、iOS、Blackberry 等。按照源代码、内核和应用环境等的开放程度划分，智能手机操作系统可分为开放型平台（基于 Linux 内核）和封闭型平台（基于 UNIX 和 Windows 内核）两大类。

（三）外围类组件

外围类组件包括蓝牙、Wi-Fi、重力感应、红外传感器、NFC、光感应器等外围组件，这一类组件对整机影响相对较小，对于功能有特殊要求的用户才需要重点关注，如红外、NFC 等专用功能。

图 9.3 手机操作系统

二、手机的使用及电路工作原理

手机的电路结构由射频处理部分、逻辑/音频部分以及输入输出接口部分主要电路组成。射频部分一般指手机射频接收与射频发射部分，主要电路包括天线、天线开关、接收滤波、高频放大、接收本振、混频、中频、发射本振、功放控制、功放等。手机之所以能相互通信，是因为它是由射频、逻辑和电源三部分协调工作的结果。这里不作详细展开，大家了解即可。

三、手机通信基本组成

1. SIM 卡的基本组成

SIM 卡是带微处理机的芯片卡，它由 CPU、RAM、ROM、数据存储器 EEPROM 和串行通信单元 5 个模块组成，这 5 个模块集成在一块集成电路中。SIM 卡背面 20 位数码所代表的含义如下：它的前 6 位是 898600，这是中国的代号；第 7 位是业务接入号，对应于 135、136、137、138、139 中的 5、6、7、8、9；第 8 位是 SIM 卡的功能位，它一般为 0，现在的预付费 SIM 卡为 1；第 9 和第 10 位是各省的编码；第 11 和第 12 位是年；第 13 位是供应商代码；第 14~19 位是用户识别码；最后一位是校验位。

2. 手机通信制式

业界通常将移动通信分为五代。现主要介绍 4G、5G 通信技术。

（1）第四代移动通信技术（4G） 是在 3G 技术上的一次改良，其相较于 3G 通信技术来说一个更大的优势，是将 WLAN 技术和 3G 通信技术进行了很好的结合，使图像的传输速度更快，让传输图像的质量更好，图像看起来更加清晰。在智能通信设备中应用 4G 通信技术让用户的上网速度更快，速度可以高达 100 Mb/s。

（2）第五代移动通信技术（5G） 是具有高速率、低时延和大连接特点的新一代宽带移动通信技术，是实现人机物互联的网络基础设施。国际电信联盟定义了 5G 的三大类应用场景，即增强移动宽带、超高可靠低时延通信和海量机器类通信。增强移动宽带主要面向移动互联网流量爆炸式增长，为移动互联网用户提供更加极致的应用体验；超高可靠低时延通信主要面向工业控制、远程医疗、自动驾驶等对时延和可靠性具有极高要求的垂直行业应用需求；海量机器类通信主要面向智慧城市、智能家居、环境监测等以传感和数据采集为目标的应用需求（图 9.4）。

图 9.4 移动通信制式

四、手机维护与日常保养

当今，我们每天的生活可能都跟手机紧密联系，使用手机十分频繁，手机也变得越发卡顿，更换手机的速度也在加快。虽说这是正常现象，但我们是能够通过日常生活中的一些小保养来延缓这种现象出现的，并由此延长手机的使用寿命。

1. 手机外部维护与日常保养

（1）使用手机保护皮套和屏幕保护膜　这等于是为手机多加一件外衣：一是能够减少手机外壳的磨损，二是发生摔倒或遇水时能够减轻手机所受的伤害。当然这并不表示手机加了皮套后就会水火不侵，在使用和摆放时仍须谨慎小心，避免手机受损。保护皮套要选择散热性较好的，屏幕保护膜最好是使用配套的，有些外形的偏差会影响手机的使用（图 9.5）。

图 9.5　屏幕保护膜

（2）注意手机的外部使用环境　移动电话上都有细缝或小孔，水汽很容易渗入进而导致电路板受侵蚀，所以不要在雨中或浴室内使用手机。同时切忌将手机放在冷气的出风口，因为凝结在手机中的水汽将会无形地腐蚀机板。并且水汽对电路板的侵蚀是随时间的加长而不断加重的。在日常生活中也要避免尘土附着在手机表面，也会渗入手机细缝当中，堵塞听筒和充电口等部位。所以短时间的水汽或者尘土附着在手机表面要及时用清洁布擦拭干净。另外，手机不要长时间暴露在太阳直射下（夏天高温时），注意手机的温度。

（3）要注意携带方式　每个人携带手机的方法都不太一样，好的携带习惯可以使手机使用时间延长，而一些不好的携带方式则会导致手机损坏概率大增。所以尽量装入干净的裤兜或者手提袋内，同时不要和坚硬的物体相接触。日常做好清洁，这样会延长手机的使用时间。

（4）要让手机远离磁铁环境　手机喇叭本身具有磁性，因此勿让手机经常接触多铁粉的地方，以免手机喇叭出声孔吸入过多的铁粉，并附在喇叭薄膜上，造成手机听筒声音变小，甚至听不到。

（5）勿急于充电　电池如果不慎摔过或被重物撞击过，一定要检查电池的外壳是否有裂纹或漏液，避免爆炸事件的发生；如果电池被雨淋、水浸过，一定要先用干布擦干，放于通风处自行干燥，不得随意一擦就装入手机使用或充电，避免造成手机短路或电池发生爆炸。

2. 手机内部维护与日常保养

（1）掌握充电时间　随着消费者对通信需求量的增加及手机各种新功能的出现，手机电池的耗电量也大幅增加，在使用初期的 3~5 次最好保证一次充电 12~14 h，尤其是锂离子电池，因为具有很强的惰性，只有给予了充分的激活后，才能达到最佳的使用效能。日常每周至少有一晚上的关机时间，让 CPU 休息一下，但是也不用每天晚上都关机，同时不要频繁开关机。另外，电池使用到 20%以下最好开始充电，充满要记得拔掉充电器。

图 9.6　充电套装

（2）选择充电的器具　手机充电要使用原装充电插头和充电线（图 9.6），这两样东西如有损坏，一般都可以买到，不要用别的厂商的配件来代替。使用移动电源时，要比对其电压、电流和原装充电头的电压、电流，如有超过就不要使用，使用电压、电流低于原装电压电流的移动电源至少不会伤到电池。

（3）手机内存垃圾清理　手机存储尽量超出自己实际所需，若使用 UFS 内存的手机存储占用量达到 90%以上，则其读写速度会出现极为明显的降低，造成手机卡顿。这就需要注意清理手机垃圾，多清理才是好习惯。另外现在智能手机都有运行内存，同时打开多个软件窗口也会使手机运行不畅，所以要进行必要的手机垃圾和多余窗口的清理。如果有条件，也应选择内部储存大和运行内存高的手机，更能满足日常的办公和娱乐等需求。

任务实施

1. 准备好实训手机、充电套装、基本拆除维护工具等实训器材。
2. 学生按 5~8 人分成工作小组，布置工作任务。
（1）阅读两种不同系统的说明书，了解手机的基本参数。
（2）按规范打开手机查看各项功能，并组内讨论其功能差异、优缺点。
（3）教师拆解模型手机，指导学生仔细观察内部构造。

（4）准备相关保养清洁工具，做好内外部清洁保养。

3. 配合实训步骤，进行相关知识学习。

（1）观察移动手机设备，了解手机的组成。

（2）阅读说明书并讨论，学习手机基本功能。

（3）拆解手机，观察主要组成部件。

（4）做好内、外部手机维护保养，学习维护相关知识。

4. 学习总结与讨论。

5. 知识拓展与开放性作业。

 同步测试

一、选择题

1. 手机系统：Android 本义是指（　　）。

A. 安卓市场　　　　　B. 安致　　　　　　C. 机器人　　　　　D. 安卓

2. RAM 是指（　　）。

A. 只读存储器　　　　　　　　　　　B. 随机存储器

3. 第四代移动通信技术 4G 采用的通信技术称为（　　）。

A. S-CDMA　　　　B. Wi-Fi　　　　　C. LTE　　　　　D. LET

二、简答题

1. 手机 SIM 卡的基本组成有哪些？

2. 手机的核心组件基本构成有哪些？

3. 什么是第五代移动通信技术（5G）？

任务二

电脑的使用与维护

任务描述

众所周知，在21世纪的今天，电脑已经成为人们日常生活中一个重要的组成部分，人们的衣、食、住、行、娱乐等各方面都离不开电脑。因此，懂一点电脑知识，学一点电脑技术，是很有必要的。以下讲解电脑的一些基本常识和操作，学习电脑日常维护基础知识。

 任务分析

观察电脑的基本组成形式以及各元器件的功能，从简单的电脑使用方法入手，结合理论知识的讲解，从而了解电脑的相关知识内容。

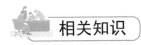

相关知识

一、电脑的基本常识

1. 电脑的概念

电脑又称为"计算机"。它是一种高度自动化的、能进行快速运算及逻辑判断的先进电子设备，是人们用来对数据、文字、图像、声音等信息进行存储、加工与处理的有效工具。

2. 世界上第一台计算机

世界上第一台计算机诞生于 1946 年 2 月 14 日，由美国宾夕法尼亚大学研究，这台计算机称为数字电子计算机（又称 ENIAC）。

3. 电脑的组成部分

从外观上看，电脑是由主机（主要部分）、输出设备（显示器）、输入设备（键盘和鼠标）三大件组成（图 9.7）。从逻辑组成来看，电脑可以分为五大部分：控制器、运算器、存储器、输入设备、输出设备。

图 9.7 电脑

4. 电脑配置及查看方法

电脑配置是指电脑的硬件基本信息，如 CPU 型号、硬盘大小、显示器尺寸等（图 9.8）。具体方法：

图 9.8 电脑配置

（1）桌面查看 "我的电脑"→"属性"，可查看系统版本、CPU、型号、内存大小；"常规"→"设备管理器"，可查看 CPU 核心数、硬盘型号及大小、光驱等配置；"高级"→

"性能设置"→"视觉效果"或"高级",可以查看视觉效果、虚拟内存等设置。

（2）"系统工具"查看　"开始"→"程序"→"附件"→"系统工具"→"系统信息",即可查看电脑的详细配置。

（3）软件查看　下载安装鲁大师等评测软件,也可查看详细配置,而且这些软件还可以对电脑的性能进行测试。

5. 常用的操作系统

操作系统（简称 OS）是一组管理电脑硬件与软件资源的程序。现在较常见的是由美国微软公司开发的窗口化操作系统,即 Windows 操作系统,如 Windows 2000、Windows XP、Windows Vista、Windows 9、Windows 10 甚至更高版本（按低级版本到高级版本排列）。其中以 Windows 10 使用最普遍。

6. 常说的 C、D、E、F 盘

C、D、E、F 盘其实是硬盘（Hard Disk Drive,HDD,又称硬盘驱动器）的分区。一台电脑一般只有一个硬盘,容量为 80~500 G 不等,甚至几 TB,一个硬盘可以按一个分区来用（系统默认为 C 盘,但不建议）,也可以分成几个区（一般为 4 个）来用。分成几个分区时,便会看到 C、D 等盘,如图 9.9 所示。这样各分区相互独立,互不影响,有利于数据保存。一般地,C 盘为系统盘,装操作系统;D 盘放软件、重要资料等;E、F 等盘可以放资料、电影等。

图 9.9　硬盘分区

7. 关于 C 盘的一些问题

C 盘为系统盘,里面的资料、文件如果不熟悉不可随便移动、改名、合并、删除,尤其是 Windows 文件夹里的资料,否则会导致无法正常开机、死机甚至系统瘫痪。

凡重要文件、资料如照片、txt、doc、ppt、xls 文档等,不要放在 C 盘（不要放在桌面,桌面也属于 C 盘）,常用软件、程序等也不要装在 C 盘,因为一旦重装系统,C 盘里的资料将会全部丢失,其他盘则不受影响,所以应该把硬盘分成几个分区来使用。

C 盘的空余空间要留大一点,至少大于 100 GB,否则系统会运行缓慢,如果小于 1 000 MB,就会导致无法开机。

8. 可移动磁盘

可移动磁盘从字面上讲就是可以移动的磁盘,而磁盘是一种存储设备,故可移动磁盘就

是可移动的存储设备。当前应该分为两大类：一类是基于芯片存储的 U 盘或闪盘，另一类是基于硬盘的移动硬盘（图 9.10）。移动硬盘又因硬盘的不同，而分为笔记本移动硬盘和台式机移动硬盘。一般可移动硬盘都是通过 USB 接口与电脑相连，如 U 盘、有数据线与电脑连接的手机、读卡器、MP4、移动硬盘等。

图 9.10　可移动磁盘

9. 任务管理器的概念及作用

又称 Windows 任务管理器，是在 Windows 系统中管理应用程序和进程的工具。它可以查看当前运行的程序和进程及对内存、CPU 的占用，并可以结束某些程序和进程，此外还可以监控系统资源的使用状况（图 9.11）。

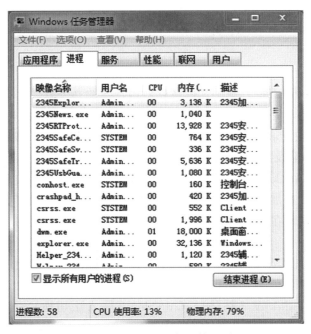

图 9.11　Windows 任务管理器

"关机"菜单下可以完成待机、休眠、关闭、重新启动、注销、切换用户等操作；"应用程序"下显示了所有当前正在运行的应用程序，如我的电脑、浏览器、正在打开的文件夹、文档等，当某个应用程序无响应时，可以在这里点击"结束任务"直接将其关闭；"进程"下显示了所有当前正在运行的进程，包括应用程序、后台服务等；"性能"下可以看到CPU 和内存、页面文件的使用情况，卡机、死机、中毒时，CPU 使用率会达到 100%。

10. 文件名、文件扩展名的概念及常见的文件扩展名

为了区分不同的文件，必须给每个文件命名：文件名通常由主文件名和文件扩展名组成，二者之间由一个小圆点隔开。同时文件名可以是汉字、数字、英文字母（不区分大小写）、特殊符号（ $ # & @ （）- []＾~等）及几者的任意组合。而且文件名中允许使用空格，但不允许使用下列字符（英文输入法状态）："<>/ \ ｜ :" * ?"。

文件扩展名是操作系统用来标识文件格式的一种机制。通常来说，一个扩展名是跟在文件名后面的，由一个分隔符分隔。文件扩展名可以帮助计算机使用者辨别文件的类型，也可以帮助计算机将文件分类，并标识这一类拓展名的文件用什么程序去打开。

常见的文件扩展名有 doc、xlxs、ppt、txt、rar、mp3、wav、lrc、rmvb、mp4、3gp、jpg、exe 等。

11. 常用软件

（1）杀毒软件、防火墙，如金山毒霸、瑞星、江民、诺顿、卡巴斯基、360 杀毒等；

（2）浏览器，如 IE、搜狗、360、2345、UC 等；

（3）聊天软件，如 QQ、微信等；

（4）输入法，如微软拼音、搜狗、QQ 拼音、极品五笔等；

（5）音频播放器，如酷我音乐盒、酷狗、QQ 音乐等；

（6）视频播放器，如暴风影音、腾讯视频等；

（7）压缩软件，如 Win RAR、好压等。

12. 办公软件

如国产金山 WPS、微软 Office、WPS Office 等办公软件。

Office 全称 Microsoft Office，是一套由微软公司开发的办公软件，有 Office 2007、Office 2013 甚至 Office 2019 等多个版本。每一个版本都包括 Word、Excel、Power Point、Front Page、Access、Outlook、Publisher 等多个组件，其中以 Word、Excel、PPT 最为常用。

13. 快捷方式的概念及常用快捷键

（1）快捷方式是 Windows 提供的一种快速启动程序、打开文件或文件夹的方法，它是应用程序的快速连接，扩展名为 lnk，其显著标志为图标上有一个黑色小箭头。一般说来，每安装一个程序都会自动在桌面创建一个快捷方式（也可以通过右键"发送到"→"桌面快捷方式"来创建）。

（2）快捷键又叫快速键或热键，指通过某些特定的按键、按键顺序或按键组合来完成一个操作。快捷键很多，就平常用得较多的来讲，主要有：Ctrl＋A（全选）、Ctrl＋C（复制）、Ctrl＋X（剪切）、Ctrl＋V（粘贴）、Ctrl＋Shift（输入法切换）、Shift（中英文切换）、Ctrl＋Alt＋A（截图）、Ctrl＋Alt＋Del（任务管理器）、F1（帮助）、F2（改名）、F5（刷新）、Esc（取消当前任务，退出电影全屏或游戏时常用）。

14. 关于电脑的温度问题

（1）电脑温度是指电脑硬件的温度，如 CPU、显卡、硬盘、主板等。一般说来，这些硬件的温度值都有一个范围，但夏天的温度会很高，电脑运行久了或者没有很好地散热就会超出这个范围。例如：CPU 正常情况下温度在 45~65 ℃ 或更低，高于 75~80 ℃ 则要检查 CPU 和风扇间的散热硅脂是否失效、更换 CPU 风扇或给风扇除尘，部分 CPU 会自我保护，温度过高会自动降频（一般为标准频率的一半）。显卡一般是整个机箱里温度最高的硬件，常规下 50~70 ℃（或更低），独立显卡的温度相对而言要比集成显卡高，尤其是在夏天，很容易达到 80~90 ℃ 甚至更高，导致显示器花屏，无法正常显示。

（2）主板温度正常情况下为 20~60 ℃（或更低），是硬件中温度最低的。具体视不同的主板品牌、芯片组而定，高于 70 ℃ 可能要考虑增加机箱风扇或打开机箱。

（3）硬盘温度一般情况下为 30~60 ℃。硬盘经常是机箱里温度最低或第二低的硬件。如果超过 70 ℃ 则可以考虑加装机箱风扇。

（4）笔记本的温度高于台式机，尤其是在夏天，室外气温越高电脑硬件的温度越高。所以台式机夏天一般敞开机箱"裸奔"，最好是拿一台风扇对着机箱吹；笔记本则不宜上网太久，也可以买一台风扇垫在底下。

二、电脑的基本操作

1. 电脑开、关机方法

一般来讲开机时要先开外设，也就是主机箱以外的其他硬件设备，然后再打开主机，关机时要先关主机后关外设；第一次开机，先打开显示器的电源开关，再打开主机箱的电源开关；关机只需要按一下系统界面左下角的按钮，在弹出的菜单中找到"关机"按钮点击即可。需要注意的是，一定要先退出所有的运行程序后才能关机。在实际的操作中遇到硬件问题或者出现故障需要手动重启电脑，可以通过三种方式。最简单的就是按下机箱电源键附近的"RESET"按钮让电脑重新启动；也可以长按电源按钮让其重启；还可以同时按住键盘上的 Ctrl 键、Alt 键和 Del 键，在打开的界面中选择"重启电脑"。

2. 鼠标、键盘的使用方法

一般直接接上电脑就可以正常使用（图 9.12）。一般鼠标操作是单击和双击，打开文件是双击，选择选项是单击；按住是拖动，按住左键不要放开，移动鼠标到新目标位置，放开左键即可。

图 9.12 电脑外接键盘

3. 电脑上网的方法

一般上网需要打开"设置"或者"控制面板"的网络设置选项，只需要按照上面的提示，输入有线或者无线网络的用户名称或者 Wi-Fi 名称、密码之后，一路点击"下一步"即可设置完成。右下角的状态栏中会有一个上网的图标，即可正常启动 Internet Explorer（因特网浏览器）上网，如图 9.13 所示。

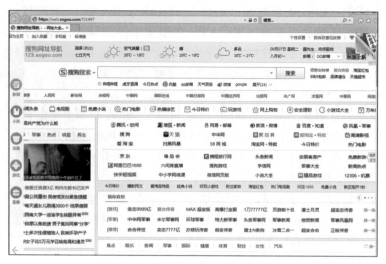

图 9.13　因特网浏览器

4. 文件管理操作方法

（1）新建文件夹（如：在 D 盘中新建"中国"文件夹）。鼠标左键双击桌面上"计算机"图标→双击 D 盘→左键单击"文件"→"新建"→文件夹→窗口工作区内出现"新建文件夹"图标→输入"中国"名称。

（2）重命名文件夹（如：D 盘中"中国"文件夹更改为"CHINA"名称）。鼠标左键单击选择"中国"文件夹→"文件"→"重命名"→文件夹呈现编辑状态，输入"国家"即可。

（3）文件夹的移动、复制、删除等功能也在菜单选项中，可一步步深入探索。

三、电脑的使用环境和日常维护

电脑现在是大家主要的生产力工具了，那么我们平时在使用过程中需要怎么养护台式电脑和便携式笔记本电脑呢？怎么样才能让它更长久地为我们服务呢？接下来就详细介绍怎样做好电脑的日常维护。

1. 电脑的使用环境

事实上，无论是台式机还是笔记本电脑，能否保持一个良好的状态与使用环境，与使用者个人的使用习惯有很大的关系，好的使用环境和习惯能够减少维护的复杂程度，并且能最大限度地发挥其性能。

导致电脑出现问题甚至损坏的几大环境因素：

（1）震动　包括跌落、冲击、拍打和放置在较大震动的表面上使用，系统运行时遭受外界的震动会使硬盘受到伤害甚至损坏（尤其是机械硬盘），在对应较强震动时会加速损坏的过程。

（2）湿度　潮湿的环境对笔记本电脑有很大的损伤，在潮湿的环境下存储和使用会导致电脑内部的电子元件遭受腐蚀，加速氧化，导致接触不良或短路。而过于干燥的环境可能会导致电脑产生静电积累而损坏集成电路，清掉内存或缓存区的信息，影响程序运行及数据存储。因此，电脑运行时相对的空气湿度最好控制在 30%～70%，存放时的相对湿度也应控制在 10%～80%。

（3）温度　一般来说，15～30 ℃范围内的温度对工作较为适宜，超出这个范围的温度会影响电子元器件的工作的可靠性，存放个人电脑的温度也应控制在 5～40 ℃。由于集成电路的集成度高，工作时将产生大量的热，如电脑的内热量不能及时散发，轻则使工作不稳定、数据处理出错，重则烧毁一些元器件。反之，如温度过低，电子器件也不能正常工作，也会增加出错率。在潮湿的季节里，需要定期开机使用电脑，避免因长期在潮湿的空气中电子元器件被腐蚀或短路。电脑在开机使用的状态下会产生热量，能去除内部的水分，保持干燥的状态。

2. 笔记本电脑的携带和保存

建议携带电脑时使用专用电脑包。不要与衣服或杂物堆放一起，以避免电脑受到挤压或刮伤。笔记本电脑在随身携带的时间，尽量将笔记本电脑放置在电脑包专用的隔层中，或电脑装在内胆包中再放入背包。同时需要避免将笔记本电脑和其他硬物如钥匙等放置在背包的同一层中。另外需要注意，不要过分挤压笔记本电脑，特别是笔记本电脑的屏幕。旅行时应将笔记本电脑作为重要物品随身携带，勿托运以免电脑受到碰撞或跌落。

3. 电池日常使用的保养和维护

一般人员购置一台笔记本电脑应该是需要使用 5 年左右，在使用的过程中，应该说最容易出问题的部件应该是笔记本电池，如果不注意可能在一年后电池就会出现续航不足的情况。笔记本电脑的电池大多是锂电池，没有记忆效应，所以在日常使用的时间可以随时充电，不要让电池长期处于缺电的状态。如果电池长期不用，可以充电到 40% 左右，然后取下电池单独存放，但是每个月最好可以让电池完全充放电一次。

4. 电脑除尘保养

如果自己的技术过关，可以自己动手拆开电脑，对散热风扇等容易堆积灰尘的位置进行除尘操作。当然在笔记本电脑的保修期内不建议自己动手拆装，因为会影响保修。可以通过联系售后服务站的工作人员来处理。再不济，在电脑关机的状态下，可以通过吹风筒吹散热孔的方式来处理灰尘。但是需要注意，笔记本内部布置比较紧密，不要用大功率的鼓风机对着散热孔吹风，这样非常容易损坏电脑（图 9.14）。

图 9.14　电脑主机除尘

5. 电脑的硬件日常维护

（1）CPU　CPU 可以说是电脑的"心脏"，从电脑启动那一刻起就不停地运作，所以它的重要性自然是不言而喻的，因此我们对它的"保养"显得尤为重要。在 CPU 的保养中散热肯定是最为关键的；虽然 CPU 有风扇在保护，但随着我们的使用，耗用电流的增加所产生的热量也随之增加，CPU 的温度也将随之上升；高温容易使 CPU 内部线路发生电子迁移，这样容易导致电脑经常性死机，而且会缩短 CPU 的寿命，所以要选择质量好的散热风扇来主动降温。然后平常要注意隔一段时间除一下灰尘，不能让灰尘积聚在 CPU 的表面，以免造成短路、烧毁 CPU。

（2）主板　现在的电脑主板大多数都是四、六层板，而且使用的元件和布线都非常精密；既然精密，就不能乱搞，所以当灰尘在主板积累过多时，主板会吸收空气中的水分，此时灰尘就会呈现一定的导电性，可能把主板上的不同信号进行连接或者把电阻、电容短路，致使信号传输错误或者工作点变化而导致主机工作不稳或不启动；实际中，我们使用电脑中遇到的主机频繁死机、重启、找不到键盘鼠标、开机报警等情况多数是由于主板上积累了大量灰尘而导致的，这时只要清扫机箱内的灰尘后，故障就会不治自愈。

（3）硬盘　硬盘是计算机中最重要的存储介质，但是很多人忽视了对硬盘的维护保养，一打开电脑就会让硬盘满负荷运转：看高清的 DVD 影片、进行不间断的 BT 下载、频繁使用 Windows 的系统还原功能，这使得硬盘总是处于一种满负荷运转的状况。所以，日常使用过程中不应长时间下载观看高清电影和下载资料，以减少负荷运转频率。最后要注意的是千万不要在硬盘的使用过程中移动或震动硬盘。

（4）显示器　现在人们都用上了液晶显示器，用液晶显示器最大的禁忌在于触摸液晶面板。液晶面板表面有专门的涂层，这层涂层可以防止反光，增加观看效果。所以不要用手去摸液晶屏幕和用手去压面板。对液晶显示器的清洁是很必要的，正确做法是买一本擦镜头专用的镜头纸，撕下一张折叠以后稍微蘸一点饮用纯净水即可，镜头纸纤维比较长，不易产生绒毛。

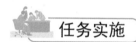

任务实施

1. 准备好电脑和配套设备、基本拆除维护工具等实训器材。
2. 学生按 5~8 人分成工作小组，布置工作任务。
（1）阅读电脑的说明书，了解电脑的基本参数。
（2）按规范打开不同电脑查看各项功能，并组内讨论其功能差异。
（3）教师拆解电脑主机外壳，指导学生仔细观察内部相关构造。
（4）准备相关保养清洁工具，做好内、外部清洁保养。
3. 配合实训步骤，进行相关知识学习。
（1）观察电脑和配套设备，了解电脑基本组成。
（2）阅读说明书并讨论，学习电脑基本功能如何操作。
（3）拆解主机外壳，观察主要组成部件。
（4）做好内、外部电脑维护保养，学习保养维护相关知识。
4. 学习总结与讨论。
5. 知识拓展与开放性作业。

同步测试

一、选择题

1. 以下不属于 Office 组件的是（　　　）。

A. Word　　　　　　　B. Internet　　　　　C. Power Point　　　D. xlsx

2. 世界上第一台计算机的发明时间是（　　　）。

A. 1946 年 2 月 13 日　　　　　　　B. 1946 年 2 月 14 日

C. 1947 年 2 月 14 日　　　　　　　D. 1947 年 6 月 14 日

3. Windows 2000 中，"粘贴"的快捷键是（　　　）。

A. Ctrl+V　　　　　B. Ctrl+A　　　　　C. Ctrl+X　　　　　D. Ctrl+C

二、简答题

1. 我们常说的电脑 C、D、E、F 盘是什么意思？

2. 文件管理操作方法中，如何新建、重命名文件夹？

3. 电脑开、关机的正确方法是什么？

任务三
数码相机的使用与维护

任务描述

　　日常生活中，我们见过各种各样的数码相机（以下简称相机），每类的结构和功能都有相似之处，但是不同类型内部的复杂程度差异也很大。为了更好地满足日常的工作和娱乐的需求，通过本任务的学习，我们将系统地了解相机基本原理，学习相机基础维护知识。

 任务分析

　　观察相机的基本组成形式以及各元器件的功能，从简单的操作使用方法入手，结合理论知识的讲解并实践拍摄，从拍摄的整个过程中学习怎样保养和维护。

 相关知识

一、单反相机基本常识

1. 相机的工作原理

在单反相机（单镜头反光相机）的工作系统中，光线透过镜头到达反光镜后，折射到上面的对焦屏并结成影像，透过接目镜和五棱镜，可以在观景窗中看到外面的景物。当按下快门钮，反光镜便会往上弹起，感光元件（CCD 或 CMOS）前面的快门幕帘便同时打开，通过镜头的光线便投影到感光元件上感光，然后反光镜便立即恢复原状，观景窗中再次可以看到影像。

2. 相机的基本分类

相机的基本分类主要是根据相机的结构来区分相机种类，主要分为单反相机、微单相机、卡片相机、长焦相机这几类。

（1）单反相机　单反相机就是指单镜头反光相机，即 digital 数码、single 单独、lens 镜头、reflex 反光的英文缩写 dslr。市场中的代表机型常见于尼康、佳能、宾得、富士等。此类相机一般体积较大，比较重。

（2）微单相机　"微单"包含两个意思：微，微型小巧；单，可更换式单镜头相机。也就是说这个词表示这种相机有小巧的体积和单反一般的画质，即微型小巧且具有单反性能的相机称为微单相机（图 9.15）。

图 9.15　微单相机

（3）卡片相机　卡片相机在业界没有明确的概念，小巧的外形、相对较轻的机身以及超薄时尚的设计是衡量此类数码相机的主要标准。

（4）长焦相机　长焦相机指的是具有较大光学变焦倍数的机型，而光学变焦倍数越大，能拍摄的景物就越远。代表机型为美能达 Z 系列、松下 FX 系列、富士 S 系列、柯达 DX 系列等。

3. 相机的基本组成

相机（以单反相机为例）基本由机身、镜头、快门控制器、CMOS（感光器）、取景器五部分组成。

（1）机身　负责将相机的各个部分连接在一起整合成一个整体。

（2）镜头　主要用于成像，镜头的质量好坏是决定相机性能优劣的重要因素之一。

（3）快门控制器　也就是曝光模式，如光圈优先、快门优先、程序自动曝光等。

（4）CMOS　也就是底片，CMOS 的好坏也是决定相机优劣的重要因素之一。

（5）取景器 用于取景和构图。

4. 相机的基本操作布局（这里主要以80D为介绍对象）

（1）基本外观，包括镜头、机身和快门键（图9.16）。

（2）80D相机的基本输入与输出接口：一个麦克风，一个耳机，还有一个外置快门线接口（这三个接口在左边顺序由上到下），右边是mini HDMI接口和一个数据线接口（图9.17）。

图9.16 相机外观　　　　　　　　图9.17 相机功能图解1

（3）这里主要是取景器、操控拨盘、拍摄模式转换键、菜单键，以及一个带翻转模式的3英寸触摸屏（图9.18）。

图9.18 相机功能图解2

（4）这里是挡位拨盘，主要是M、P、TV、AV、B门以及一些特色功能挡和两个自定义挡（图9.19）。

（5）这里是肩屏和ISO键、对焦模式键、连拍键以及快门控制器等（图9.20）。

5. 相机最基本使用操作

（1）光圈 光圈是镜头里用来控制光线进入相机多少的装置。图9.21就是光圈的外形，由叶片+通光孔组成。叶片的移动会控制通光孔的大小，进而控制进光量的多少。通光孔越大，进光越多，反之则进光越少。

图 9.19　相机功能图解 3

图 9.20　相机功能图解 4

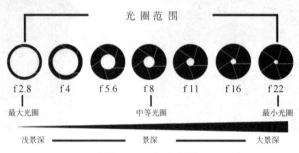

图 9.21　相机光圈

图 9.22 中从左至右，光圈逐渐变小。可以看到，照片越来越暗，景深也逐渐变小。

图 9.22　相机光圈变换

（2）快门　快门就是用来控制光线进入相机时间（也称曝光时间）长短的装置。不同的快门，拍摄出照片效果也是不一样的（图 9.23）。

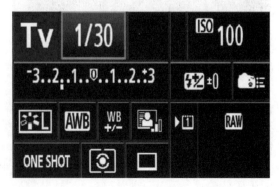

图 9.23　相机快门

（3）感光度　感光度又叫 ISO 值，指的是相机对光线的敏感程度，感光度越高，对光线的敏感度越强，照片越亮；感光度越低，对光线的敏感度越低，照片越暗。

日常拍摄的时候，感光度直接影响照片的明暗，但是感光度越高画质越差。一般拍摄中观光度不要超过 3200，夜间拍摄 6400 以上画质就很差。

二、相机日常保养和维护

随着技术的发展，相机变得越来越普遍。许多人都有自己的相机，但不一定知道如何维护自己的数码相机。任何数码相机在每次使用前都需要一些准备工作，如充电电池、清洁部件、检查设置等。以下详细介绍如何保养相机。

1. 镜头的清洁技巧

相机镜头是非常精密的部件，其表面做了防反射的涂层处理，一定要注重不能用手去摸，因为这样就会沾上油渍及指纹，这对涂层非常有害，而且对拍摄出来的照片质量影响也很大。相机使用后，镜头多多少少会沾上灰尘，最好的方法是用吹气球吹掉，或者用软毛刷轻轻刷掉。如果吹不去也刷不掉，就要使用专用的镜头布或者镜头纸轻轻擦拭。镜头笔是目前最好用的镜头清洁工具，它的一头是毛刷，通常从镜头中间向外围擦拭。

2. 液晶屏的保护

液晶屏是相机重要的特色部件，不但价格很贵，而且容易受到损伤，因此在使用过程中需要特别保护（图 9.24）。首先要避免液晶屏被硬物刮伤，可以考虑使用掌上电脑屏幕使用的保护贴纸，这对保护液晶屏有一定的作用。

图 9.24　相机屏幕日常擦拭

另外，注意不要让液晶屏表面受重物挤压，同时还要特别注意避免低温对液晶屏的损害。随着温度的升高，液晶屏会变黑，达到一定的温度后，即使温度回降，液晶屏也无法恢复。

而有些液晶屏显示的亮度会随着温度的下降而降低，温度相当低时，液晶屏显示的亮度会很低，一旦温度回升，亮度又将自动恢复。

3. 机身的保养

目前，单反相机的机身外壳的材质有两种：一种是合金材料，有铝合金和镁合金等；另一种则是工业塑料，通过对表面进行特殊的加工获得接近金属外壳的质感。长时间手握机器，会在机身上留下油渍、汗和手印，所以对机身表面进行清洁非常重要。对于合金材料的外壳，擦拭的时候尤其要小心，很多相机厂商为了美观，会将外壳进行镜面处理，看起来非常高贵，但表面容易留下划痕，一定要使用超细纤维的软布，如低成本的眼睛布、3M 魔布。

但是擦拭过机身的软布由于已经被污染，有的甚至沾染上油渍，所以千万不能擦拭镜头。工业塑料外壳的单反要常清洁机身，不可让油渍和污渍渗入漆面，不能用有机溶剂擦拭，会导致外壳褪色严重。

三、单反相机使用注意事项

（1）拍摄前正常清理事项　在外出前，相机的机身需要先清理一下，去掉外表的汗渍、灰尘、油脂等，可以用橡皮擦亮手柄和机身之间的触点和接口以保证更可靠的连接（没有手柄则可以忽略），检查快门和反光镜等活动部件工作状况。

（2）室外拍摄注意事项　冬天在室外拍摄，如果遇到雪天，在进入室内的时候一定要在户外清除干净、包裹好后再拿入室内，千万不要直接带回到温度较高的室内，否则雪融化后的水有可能渗入相机内部造成损坏。室外严寒的天气可能会导致整个机器零件间隙发生变化。

（3）拍摄结束注意事项　带着相机从非常寒冷的户外进入温度较高的室内时，一定要注意进屋前将相机装入一个密封的塑料袋中，带入室内放置一段时间让相机逐渐升温，直到接近室内温度后再打开。

（4）避免渗入灰尘和沙子　清洁相机时，应注意避免渗入污垢和沙子。廉价的相机盒可能无法完全密封，从而更容易使灰尘或沙子渗入包装盒并损坏相机。

（5）注意温度　使用相机时，应特别注意温度，尤其是避免将相机放在阳光充足的汽车中和放置在直射的阳光下，以免损坏塑料。避免过冷，以免损坏液晶显示器。

电池的保暖工作也是必需的，室外拍摄的时候可以把暖宝宝粘到单反相机电池外边，这样可以给电池取暖，延长室外使用时间。备用电池最好放置在穿的棉衣内，靠近身体的温度可以保证电池的电量不受外冷空气流失电量。

（6）放置相机　除非有防水盒，否则使所有液体远离相机。如果没有防潮包装盒或设备，应将相机存放在通风相对干燥的地方。如果几个月不使用相机，最好将其存放在湿度低的地方，并避免阳光直射。另外，在存放相机时，尽可能取出电池单独存放，保存的环境最好是干燥和阴凉的地方。

 **任务实施**

1. 准备好相机和配套设备、基本维护工具等实训器材。

2. 学生按 5~8 人分成工作小组，布置工作任务。

（1）阅读不同相机说明书，了解其基本参数。

（2）按规范查看和使用相机各项功能，并组内讨论不同相机功能差异。

（3）准备相关保养清洁工具，学习相机清洁保养的相关手册。

3. 配合实训步骤，进行相关知识学习。

（1）观察相机外观，了解相机基本组成。

（2）阅读说明书并讨论，学习相机基本功能如何操作。

（3）按照保养手册和实践保养经验，做好整个过程的相机维护保养。

4. 学习总结与讨论。

5. 知识拓展与开放性作业。

同步测试

一、选择题

1.（多选）相机可以分为哪几类?（　　）

A. 单反相机　　　　B. 微单相机　　　　C. 卡片相机　　　　D. 长焦相机

2.（多选）单反相机的基本组成是（　　）。

A. 机身　　　　　　B. 镜头　　　　　　C. 快门控制器

D. CMOS（感光器）E. 取景器

二、简答题

1. 单反相机的工作原理是什么?

2. 相机日常放置的注意事项有哪些?

 项目评价

序号	任务	分值	评分标准	组评	师评	得分
1	手机的使用与维护	30	1. 认识手机的基本组成和功能使用 2. 知道手机通信和工作的基本原理 3. 说出手机日常保养维护的相关知识			
2	电脑的使用与维护	30	1. 了解电脑的基本组成和功能使用 2. 熟悉电脑基本操作 3. 说出电脑日常保养维护的相关知识			
3	数码相机的使用与维护	20	1. 知道相机的基本组成和功能使用 2. 学会简单相机拍摄基本操作 3. 了解相机日常保养维护的相关知识			
4	小组总结	20	分组讨论，总结项目学习心得体会			
指导教师：				得分：		

答案

项目十　现代智能家居

现代智能家居

【项目介绍】

　　本项目概述了什么是现代智能家居，使同学们通过学习能大体了解现代智能家居的概念、结构特点及应用领域，并列举了一些贴近生活的案例。

【知识目标】

　　1. 掌握现代智能家居的概念。
　　2. 了解现代智能家居的发展历程。
　　3. 了解现代智能家居的特点及设计原则。
　　4. 掌握现代智能家居的应用领域。

【技能目标】

　　1. 初步了解现代智能家居。
　　2. 会使用现代智能家居。

【素质目标】

　　1. 培养学生的科学探索的兴趣和求知欲。
　　2. 激发学生的积极性和创造性。

案例引入

　　出门在外，可以通过电话、电脑来远程遥控家内各智能系统，例如在回家的路上提前打开家中的空调和热水器；到家开门时，借助门磁或红外传感器，系统会自动打开过道灯，同时打开电子门锁，安防撤防，开启家中的照明灯具和窗帘迎接主人的归来；回到家里，使用遥控器可以方便地控制房间内各种电气设备，还可以通过智能化照明系统选择预设的灯光场景，读书时营造书房舒适的环境；卧室里营造浪漫的灯光氛围……这一切，都是由于现代智能家居的发展。

任务
了解智能家居系统

任务描述

作为万物互联的关键一环，智能家居的出现及普及已经势不可当，通过本任务的学习，能使同学们大体了解现代智能家居系统。

任务分析

1. 了解现代智能家居的概念；
2. 掌握现代智能家居的应用领域。

相关知识

一、智能家居的概念

智能家居是以住宅为平台、利用先进的计算机技术、网络通信技术、智能云端控制、音频和视频技术将家居生活有关的设备集成。例如：安防、灯光控制、窗帘控制、煤气阀控制、信息家电、场景移动等有机地结合在一起，从而构建高效的住宅设施与家庭日程事务的管理系统，提升家居安全性、便利性、舒适性、艺术性，并实现环保节能的居住环境。

二、智能家居的前世今生

世界上第一栋智能大厦于 1984 年出现在人们的视野中，成为当时美国的典型建筑物。这一智能大厦的诞生拉开了全球智能建筑的序幕，为全球智能建筑发展奠定了坚定的基础。随后美国、加拿大、欧洲、澳大利亚和东南亚等经济比较发达的国家和地区先后提出来智能家居的方案。随着计算机数字技术的发展，到 20 世纪 80 年代末，集电子技术、住宅电子、家用电器、通信设备等为一体的系统化控制内容，智能化效率大幅提高，智能控制质量得到本质上的转变。例如，新加坡模式的家庭智能化系统包括三表抄送功能、安防报警功能、可视对讲功能、监控中心功能、家电控制功能、有机电视接入、住户信息留言功能、家庭智能控制面板、智能布线箱、宽带网接入和系统软件配置等，发展比较全面系统，如图 10.1 所示。

智能家居在我国仍处于初期发展阶段，2011 年智能家居市场规模为 285.6 亿元，到 2014 年增长到 658.2 亿元，2015 年达到 948 亿元，2016 年达到 1 185 亿元，到 2018 年市场规模为 1 968 亿元，随着物联网、云计算等战略性产业的迅速发展，中国智能家居产业还将保持高增长态势。

图 10.1　智能家居

三、智能家居特性

1. 随意照明

通过按几下按钮就可以控制所有房间的照明，使灯光渐亮渐暗，还可以创造各种梦幻灯光，和家人分享温馨与浪漫，同时具有节能和环保的效果。

2. 简单安装

智能家居系统可以在不破坏隔墙、不必购买新的电气设备的情况下，和家中现有的电气设备如灯具、电话和家电等进行连接。各种电器及其他智能子系统既可在家操控，也能完全满足远程控制。

3. 可扩展性

智能家居系统是可以扩展的系统，最初只能与照明灯或常用的电器连接，将来也可以与其他设备连接，以适应新的智能生活需要。

四、智能家居的设计原则

市场上的智能家居产品琳琅满目、品种繁多，但是智能家居普遍的设计理念和原则有以下几点。

1. 实用性

智能家居最基本的目标是为人们提供一个舒适、安全、方便和高效的生活环境。对智能家居产品来说，最重要的是以实用为核心，摒弃掉那些华而不实、只能充作摆设的功能，产品以实用性、易用性和人性化为主。

设计智能家居系统，应根据用户对智能家居功能的需求，整合最实用最基本的家居控制功能，但是目前很多个性化智能家居的控制方式丰富多样，比如：本地控制、遥控控制、集中控制、手机远程控制、感应控制、网络控制、定时控制等，其本意是让人们摆脱烦琐的事务，提高效率，但是如果操作过程和程序设置过于烦琐，容易让用户产生排斥心理。所以智能家居的设计一定要充分考虑到用户体验，注重操作的便利化和直观性，最好能采用图形图像化的控制界面，让操作所见即所得。

2. 可靠性

整个建筑的各个智能化子系统应能 24 h 运转，系统的安全性、可靠性和容错能力必须予以高度重视。对各个子系统，以电源、系统备份等方面采取相应的容错措施，保证系统正常安全使用、质量、性能良好，具备应付各种复杂环境变化的能力。

3. 标准性

智能家居系统方案的设计应依照国家和地区的有关标准进行，确保系统的扩充性和扩展性，在系统传输上采用标准的 TCP/IP 协议网络技术，保证不同厂商之间系统可以兼容与互联。系统的前端设备是多功能的、开放的、可以扩展的设备。如系统主机、终端与模块采用标准化接口设计，为家居智能系统外部厂商提供集成的平台，而且其功能可以扩展，当需要增加功能时，不必再开挖管网，简单可靠、方便节约。设计选用的系统和产品能够使本系统与未来不断发展的第三方受控设备进行互通互连。

4. 方便性

安装布线关系到成本、可扩展性、可维护性等一些问题，所以设计时一定要选择布线简单的系统，施工时可与小区宽带一起布线，简单、容易；设备方面容易学习掌握、操作和维护简便。

系统在工程安装调试中的方便设计也非常重要。家庭智能化有一个显著的特点，就是安装、调试与维护的工作量非常大，针对这个问题，系统在设计时，应考虑安装与维护的方便性，比如系统可以通过 Internet 远程调试与维护。通过网络，不仅使住户能够实现家庭智能化系统的控制功能，还允许工程人员在远程检查系统的工作状况，对系统出现的故障进行诊断。这样，系统设置与版本更新可以在异地进行，从而大大方便了系统的应用与维护，提高了响应速度，降低了维护成本。

5. 数据安全性

在智能家居的逐步扩展中，会有越来越多的设备连入系统，不可避免地会产生更多的运行数据，如空调的温度和时钟数据、室内窗户的开关状态数据、煤气电表数据等。这些数据与个人家庭的隐私形成前所未有的关联程度，如果数据保护不慎，不但会导致个人习惯等极其隐私的数据泄露，关系家庭安全的数据（如窗户状态等数据）泄露会直接危害家庭安全。同时，智能家居系统并不是孤立于世界的，还要对进入系统的数据进行审查，防止恶意破坏家庭系统甚至破坏联网的家电和设备。尤其在当今大数据时代，一定要保证家庭大数据的安全性。

五、智能家居应用领域

1. 智能小区

智能小区（图 10.2）利用计算机技术、综合布线技术、通信技术、控制技术、测量技术等多学科技术，实现多领域、多系统协调的集成应用，例如：运用智能电表技术、实现用电信息自动采集；提升电网自动化水平，保证小区可靠供电；电力光纤到表到户，服务互联网、广电网和电信网"三网融合"智能用电服务互动平台，实现用户与供电企业的实时互动；示范分布式光伏发电，倡导清洁能源消费；配置电动汽车充电管理设施，满足居民使用电动汽车需求；家电的远程监测与控制，促进家庭合理用能；设置自动缴费终端，方便客户缴费；实现水电气集抄，有效整合各运营商的人力资源。

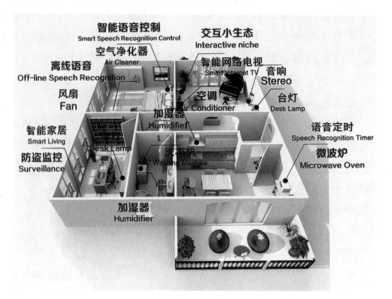

图 10.2　智能小区

2. 智能照明

智能照明是利用计算机、无线通信数据传输、扩频电力载波通信、计算机智能化信息处理及节能型电器控制等技术组成的分布式无线遥控、遥测、遥讯控制系统，来实现对照明设备的智能化控制，如图 10.3 所示。智能照明具有灯光亮度的强弱调节、灯光软启动、定时控制、场景设置等功能，并达到安全、节能、舒适、高效的效果。

图 10.3　智能家居照明应用流程示意图

控制智能照明系统应用广泛，可大批量、大范围智能控制灯具及关联物品，系统可实现以下功能：

（1）照明的自动化控制　系统最大的特点是场景控制，在同一室内可有多路照明回路，对每一回路亮度调整后达到某种灯光气氛称为场景。系统可预先设置不同的场景，营造不同的灯光环境，控制切换场景时的淡入淡出时间，使灯光柔和变化，利用时钟控制器，使灯光呈现按每天的日出日落或有时间规律的变化。利用各种传感器及遥控器达到对灯光的自动控制。

（2）美化环境　室内照明利用场景变化增加环境艺术效果，产生立体感、层次感，营造出舒适的环境，有利于人们的身心健康，提高工作效率。

（3）延长灯具寿命　灯具寿命的主要影响因素有过电压使用和冷态冲击，这些能使灯具寿命大大降低。在智能系统的控制下过电压和冷态冲击都能有效控制，从而延长使用寿命。

（4）节约能源　智能照明目前主要利用亮度传感器来自动调节下灯光强弱，利用移动传感器，来控制房间、走廊或楼道的长明灯，当人离开传感器感应区域后灯光渐渐变暗或熄灭，达到节能的目的。

（5）亮度的一致性　采用照度传感器，使室内的光线保持恒定。

（6）综合控制　通过计算机网络对整个智能系统实时进行监控，了解当前每个照明回路的工作状态，设置、修改场景，如有紧急情况可控制整个系统并及时发出故障报告。

3. 智能安防系统

安防系统是实施安全防范控制的重要技术手段，在当前安防需求膨胀的形势下，其在安全技术防范领域的运用也越来越广泛。

智能安防系统可以简单理解为图像的传输和存储、数据的存储和处理准确而选择性操作的技术系统。智能化安防系统主要包括门禁、报警和监控三大部分。智能安防和传统安防的最大区别在于智能化。我国安防产业发展迅速，普及较快，对比传统安防对人的依赖性比较强，非常耗费人力，智能安防能够通过机器实现智能判断，从而尽可能实现人想做的事。智能安防系统如图 10.4 所示。

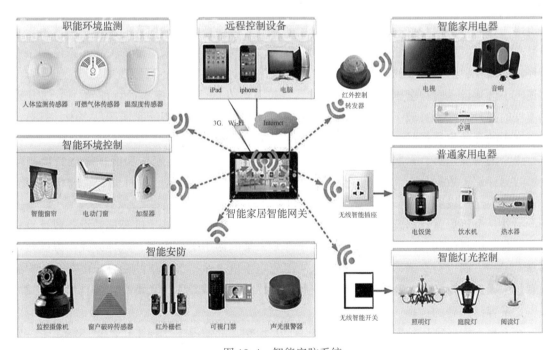

图 10.4　智能安防系统

4. 智能遥控

智能遥控开关不仅具有开关的功能，它在替代传统墙壁开关的同时，还可以对室内灯光进行控制，如全开全关功能、遥控开关功能、调光功能、情景功能等，可以在家中任意位置控制灯光和电器，并具有节能、防火、防雷击、安装方便等特点，其取代传统手动式开关已逐渐成为潮流。

智能遥控实用性强，智能性高，具有以下突出优点：

（1）无方向远距离隔墙控制功能　一般在 10~80 m 半径内可以做到信号覆盖，且可以穿透 2~3 堵墙体。

（2）极强抗干扰能力　可靠性高，具有防火、防雷击功能。

（3）具有手动开关和遥控开关两种模式　既增强了方便性，又承袭了原有的习惯。

（4）断电保护功能　遇到断电情况，开关全部关闭，当重新来电时，开关处于关闭状态，不会因未知开关状态而造成人身伤害，也可以在无人值守情况下节约电能。

（5）家电控制集成功能　目前一般家庭都被遥控器困扰着，现在只需要一个遥控器，就可以实现对室内空调、电视、电动窗帘、音响、电饭煲等电器的控制集成，组建一个智能家居系统。

（6）超载保护功能　遥控开关里有过流保护装置，当电流过大时，熔断器会先断开，起到保护下面的电路的作用。

想一想：智能家居领域中除了上述应用，你还知道哪些应用？

六、智能家居行业未来展望

从 2000 年的首届中国国际建筑智能化峰会到 2016 年的第四届峰会，虽然中国房产智能化道路几经周折，但是这一进程却不可阻挡地前进着。科技的发展使人们坚定不移地追求更高品质的生活，房地产智能化作为高品质信息生活的代表得到越来越多的关注。正值网络和新经济的高峰，房地产业的就势跟进使"智能化"成为新建设区不可缺少的"卖点"，智能化住宅小区建设一时在全国形成高潮。虽然科技飞速发展，信息技术日新月异，连 CPU 运算速度的提升都已经突破了摩尔定律，但是如何将这些技术引入智能家居产品之中，打造出真正实用的智能家居产品，这才是每一位参与者最关注的问题。

未来的发展趋势，云服务必不可少，增加云服务可以把智能家居功能扩展到智能自动化、数据存储、数据分析、视频存储等，有部分厂商已经与阿里云、百度云、腾讯云等合作，免去自己架设服务器，按实际需求提供实际的服务。

另外一个趋势就是语音控制，目前许多解决方案都是依靠智能手机等移动设备或计算机的应用程序进行访问和控制的，不过，对于许多未来的使用案例来说，这种方式一方面效率不高，另一方面也会有诸多不便。不断地使用智能手机来执行最简单的命令，也会令用户感到麻烦，因此，行业需要开发新的智能家居接口技术，而声音作为人类交互最自然的方式之一，是最容易想到的选择。

在未来，智能家居技术将能够在没有任何人类交互的情况下实现工作；它还能基于一定的规则和外部条件、信息做出自己的决定。但是，总会有些情况用户希望自己与技术进行交互，例如，检查或改变家中的设置。虽然这些信息可以通过访问手机 App 实现获取，但是当用户身处家中时，不间断地访问手机 App 则可能是一种麻烦。如果用户能够简单地通过讲话来获得所需的响应，那么一切就将变得更快更方便。

七、智能家居案例介绍

1. 我们的"未来之家"

2010 年，一幢未来生态城的样板楼已经耸立在上海崇明陈家镇：屋顶上的太阳能装置一年可发电约 6 万度，楼外的风力发电装置一年能发电约 4 万度；家中的百叶窗会根据阳光强度自动调节角度，一旦家中人员全部离开，灯光会自动关闭；楼顶的通风塔依靠热压产生自然通风；厕所不但节水，还能回收大小便。

下面，我们一同走进"未来之家"。

未来之家的入口可以通过手掌纹和密码开门，室内通过对讲系统开门，并支持智能家居系统中通过触摸屏和遥控器开门。外表看起来普普通通的一大块磨砂玻璃门，竟然是个安全性极高的门禁系统。借助全手掌识别技术，要比单个指纹识别更加可靠。而且，门禁系统还融合了 ID 卡识别及声音识别等技术，并且配置来访者语音留言系统和安全系统，足可令主人居家高枕无忧，如图 10.5 所示。

图 10.5　"未来之家"的大门

"未来之家"门口的植物，采用了 RFID 芯片，可以提醒主人需要多少光照和水分，如图 10.6 所示。

图 10.6　智能光照和水分

　　玄关里的这个小托盘也是暗藏玄机，主人把手机和手表放上去，会自动显示今天的温度、天气和日程安排等各种信息，如图 10.7 所示。

图 10.7　智能托盘

图 10.8　智能墙壁

　　进门之后，墙壁上会自动显示欢迎信息，还有安防系统的状态、室内温度、能耗等各种信息，住户只要按一下"回家模式"，门厅及客厅的灯光开启，客厅的窗帘关闭，同时去主卧室的走道灯、楼梯灯光自动开启。还可以通过触摸屏调节控制每个房间的灯光、窗帘、空调，如图 10.8 所示。

　　智能厨房如图 10.9 所示，看起来跟普通厨房没什么不同，其实可没这么简单。厨房内部灯光与空调、排风扇都能智能控制；并且安装了 1 个火警探测器，当发生火险时，可以报警。

图 10.9 智能厨房

还有煤气探测器、煤气阀门关闭控制器，煤气泄漏时，能够本地报警、管理中心报警、电话报警，并自动关闭煤气阀门。厨房操作台上有一个小显示屏，用手触摸显示屏，会显示各种健康信息，提示服用药物。

卫生间内装有一个智能人体移动感应器，开门后灯光自动亮起，排气扇自动换气，人离开后灯光和排气扇自动关闭。在寒冷的冬季，主人可通过触摸屏设置时间，定时开启卫生间的空调或地暖。比如清晨主人还在睡眠中的时候，就自动对卫生间加热，方便主人起床后使用；当主人起夜时，卫生间的主灯光自动调整为30%的亮度，避免刺眼。

2. 飞利浦智能家居

飞利浦智能家居以"简约居家，灵动生活"的理念为顾客提供最适合的智能家居解决方案。接下来，让我们走进这个有生命力的空间。

时钟的闹铃准时响起，卧室的窗帘缓缓拉开，灿烂的阳光照射整个房间，浴室的热水器已开始预热，背景音乐正在播放早间新闻；走进客厅，网络电视显示天气预报、交通情况；走入厨房，还有 10 min 可以享受悠闲的早餐。起床的情景如图 10.10 所示。

图 10.10 起床的情景

上班出门前，轻触玄关的对讲触摸屏，家中每个房间的灯都会自动关闭，窗帘缓缓合上，该关闭的电器自动进入待机状态，家里的安防报警系统和视频监控系统则自动开启。几秒后，一切就位，可以放心去上班。

网络对讲、信息发布、智能家居，三屏合一，能将手机或平板电脑直接当无线室内机。

用户外出工作，当家中有陌生人进入时，系统会发出网络通知到用户的手机上，给出提示警报和 3 s 的监控影像，如图 10.11 所示。

图 10.11　网络通知

下班路上，估计还要一会儿才能到家，此时参加聚会的亲朋好友已到家门口，通过手机终端远程对讲与他们打招呼，开门请他们进屋等候，并远程启动家中的空调系统，自动调节至设定好的温度，新风系统立即进入工作状态。

用餐后，想和亲朋好友一起看部影片，可以用手机、平板遥控启动影视模式（图 10.12），影音室内各方位的灯光自动调节，调节至影音观赏的视觉效果，窗帘缓缓合上，家庭影院系统随即开启。

图 10.12　遥控启动影视模式

智能锁

来到书房门口，输入电子锁密码，推开门，灯便自动打开。此时白天未完成的公务文件已通过云端服务器同步到计算机中。处理完后，还可以顺便查看金融资料。

睡前，轻轻触碰床头的控制面板，全宅的灯光、窗帘即可自动关闭，空调、新风系统进入睡眠模式。

 **任务实施**

1. 准备智能门锁、智能电灯等实验器材。
2. 学生按 5~8 人分成工作小组，布置工作任务。
（1）阅读智能门锁、电灯等智能家电的说明书，了解各家电的基本参数。
（2）按使用说明书使用上述智能家电，了解其特点。

（3）组内讨论家内的智能家电，分析其特点。

3. 配合实训步骤，进行相关知识学习。

（1）熟悉各种智能家电，了解其发展历程和特点。

（2）观看视频，了解现代智能家居的应用领域。

4. 学习总结与讨论。

5. 知识拓展与开放性作业。

 同步测试

一、 填空题

1. 智能家居是以_____为平台，利用先进的计算机技术、网络通信技术、智能云端控制、_____和_____技术将家居生活有关的设备集成。

2. 智能家居特性有随意照明、_____和可扩展性。

3. 智能遥控开关具有开关的功能，逐渐替代_____开关的同时，对室内灯光进行控制。

二、 简答题

简述智能家居的概念。

 项目评价

序号	任务	分值	评分标准	组评	师评	得分
1	了解现代智能家居系统	70	1. 掌握现代智能家居的概念 2. 知道常用智能家电的特点 3. 讨论现代智能家居的应用领域			
2	小组总结	30	分组讨论，总结项目学习心得体会			
指导教师：				得分：		

答案

参考文献

[1] 任成尧. 汽车电子与电工基础［M］. 北京：人民交通出版社，2014.

[2] 韩雪涛. 从零学电工一本通［M］. 北京：化学工业出版社，2020.

[3] 耿连发，郑胜利，黎仕增. 汽车电子与电工基础［M］. 武汉：中国地质大学出版社，2012.

[4] 黄永定. 家用电器基础与维修技术［M］. 北京：机械工业出版社，2020.

[5] 崔金辉. 家用电器与维修技术［M］. 北京：机械工业出版社，2010.

[6] 付渊，彭华. 智能家用电器技术［M］. 北京：电子工业出版社，2020.

[7] 黄签名，黄艳丽. 小家电使用与维修［M］. 北京：金盾出版社，2000.

[8] 四方华文. 新农村家电使用维修实用手册［M］. 北京：人民出版社，2010.

[9] 王米成. 智能家居：重新定义生活［M］. 上海：上海交通大学出版社，2017.

[10] 陈铁山. 家电维修工作手册［M］. 北京：化学工业出版社，2016.

[11] 徐丽香. 电子整机原理：数字视听设备［M］. 北京：电子工业出版社，2009.